URBAN

王春晓　王向荣　著

城市

生态基础设施规划设计
理论与实践

ecological

infrastructure

U0281574

中国建筑工业出版社

图书在版编目（CIP）数据

城市生态基础设施规划设计理论与实践 / 王春晓，
王向荣著 . —北京：中国建筑工业出版社，2022.12
ISBN 978-7-112-27648-6

Ⅰ.①城… Ⅱ.①王… ②王… Ⅲ.①城市环境—生
态环境—环境规划—研究 Ⅳ.① X321

中国版本图书馆CIP数据核字（2022）第139414号

责任编辑：张　建
责任校对：李美娜

城市生态基础设施规划设计理论与实践

王春晓　王向荣　著
＊
中国建筑工业出版社出版、发行（北京海淀三里河路 9 号）
各地新华书店、建筑书店经销
北京海视强森文化传媒有限公司制版
北京中科印刷有限公司印刷
＊
开本：787 毫米 ×960 毫米　1/16　印张：10　字数：174 千字
2022 年 8 月第一版　2022 年 8 月第一次印刷
定价：**58.00** 元
ISBN 978-7-112-27648-6
（39829）

前　言

　　千百年来，人类文明在某种程度上意味着对自然的征服与控制。从完全依赖自然的原始文明、对自然进行初步开发的农业文明，到试图征服自然的工业文明，人类建造的庞杂的人工系统毫无疑义地成为人类"文明"的见证。人们开始越来越受控和依赖于人工基础设施，与自然渐行渐远，已经脱离了我们生存的根本——土地。随着城市化的推进，城市经济飞速发展的同时，与之相伴的是愈演愈烈的城市环境问题。摒弃了"原始的"自然过程，如今城市中评价生活质量的是一堆量化的数字——大气污染物的颗粒物浓度、雨水泄洪速度、热岛效应指数……日益远离自然已经成为城市化的趋势。人们在追寻经济发展的同时，也偏离了自然准则；所付出的代价不仅仅是环境，也是人类自身。在城市生态环境日益恶化的背景下，我们该如何在"穹顶之下"寻找出路？

　　在传统概念中，自然和景观仅仅是美学和象征性的空间意向，而"生态""自然"也被认为是一种文化层面的意向，景观被牢牢地附加在这种意向之上。在西方园林发展的过程中，人们的注意力大都放在了精致的园林景观或绵延起伏的田园景致上，而忽略了另一类"自然"空间的存在，即来自于城市建筑、技术和基础设施的自然。城市基础设施中的景观同样具有生态导管和通道的功能，却往往被人们忽视；人们花费大量的水源和设备去养护和浇灌城市中的草坪、树木。与此同时，自然降雨却白白从管道排走，有时甚至造成灾害性的洪涝损失。在城市中，景观同自然生态系统的关系已被割裂，已经失去了所应有的生态服务功能。

　　20世纪60年代，伴随着生态主义理念和思想的传播，西方的城市规划和景观行业进入了一个转型期。人们开始逐渐意识到城市基础设施中所蕴含的生态潜力。在经历了对生态基础设施从认可、探索，到大规模建设的阶段之后，开始倡导以生态基础设施建设为途径，可持续地解决城市发展所带来的环境问题。

本书研究的缘起就是对现代城市化和生态危机等问题的思考，以及对西方现代景观发展和生态设计的关注。在人类进步和社会发展的过程中，城市化是必然趋势，但面临城市化对环境和人类健康乃至生命安全所带来的威胁。当代景观设计师作为人类生存环境的保护者和营造者，所面临的最大任务就是营造真正安全、健康的人居环境。

2013年8月到2014年9月期间，笔者以访问学者的身份，到美国宾夕法尼亚州立大学进行了为期一年的学习交流，走访了多座美国城市，目睹了马里兰州、费城、纽约和佛罗里达等地的生态基础设施建设浪潮，受益匪浅。回国后看见中国城市所面临的诸多环境问题，深感我国的生态基础设施建设需要更加完善的理论体系作为支撑，在借鉴和学习的基础上，结合自身国情和所存在的问题，加以完善，才能得出适应中国国情的现代生态基础设施规划方法。

中国在经济迅速发展的同时，也面临着城市化快速发展所带来的环境问题，如今发展、建设生态文明城市已经成为我国未来城市建设的必然趋势。这也使得笔者更加坚定了这样的研究方向。因此，本书对西方生态基础设施规划的理论与实践进行系统性研究与总结，希望能够对我国的城市生态文明建设和风景园林发展提供帮助和启发。

本书的出版得到了国家自然科学基金青年项目（编号52008253）、广东省哲学社会科学规划青年项目（编号GD19YYS09），以及深圳市高等院校稳定支持计划项目（编号20200814103926003）的共同资助。

王春晓

2022年5月于深圳大学

目 录

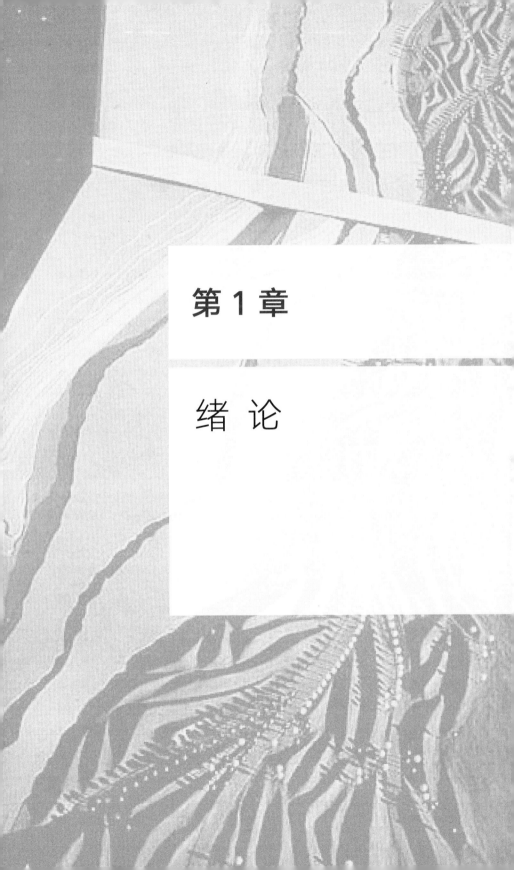

第 1 章

绪　论

1.1 | 研究背景及其 目的、意义

1.1.1 研究背景

随着现代社会中城市化进程的推进，城市的建设发展对自然系统的基础功能造成了无法估量的负面影响，资源的过度集中也给城市基础设施带来了前所未有的压力。在传统的城市设计中，自然和基础设施往往是被割裂开来的。20 世纪末，以欧洲、美国为主的西方国家看到了城市基础设施所具有的生态潜力，开始探索一种城市开发与自然保护相结合的规划设计方法，生态基础设施（Ecological Infrastructure）的相关理论和实践应运而生。不同于以往提出的生态资源保护和土地保护等理论，生态基础设施承认人类对社会的种种需求，同时侧重于生态保护与开发和人工基础设施的结合。

1. 城市快速发展导致的环境问题

全球化与快速城市化已经成为当代城市发展过程中的一个重要议题。随着全球进入"城市世纪"，如今城市已经不只是单纯的居住方式了，其对人类社会的发展也有着重大意义。[1] 2014 年更新后的《世界城镇化展望》报告指出，到 2050 年，全球将有 68% 的人口居住在城市里。[2] 为了容纳不断增长的城市人口，如今的城市在住房、基础设施、交通、能源、就业、教育以及卫生等方面的需求都面临诸多挑战。

世界上许多城市都在城市化进程中，先后出现由于环境污染而造成的大规模公害事件。例如，1930 年比利时的马斯河谷烟雾事件、1952 年英国伦敦烟雾事件、1956 年日本水俣病事件、1955 年美国洛杉矶的光化学烟雾事件等。21 世纪，随着世界范围内城市化进程的加速，环境问题日益凸显。水体和大气污染、洪涝灾害、城市热岛效应等问题已不容忽视，生态环境问题成为人类社会可持续发展的最大瓶颈。

在经历了几次城市内涝之后，我们常常感叹于欧洲国家极具前瞻性的水基础

设施系统。殊不知英国、法国和德国，也在 19 世纪先后经历过因城市基础设施建设跟不上城市扩张速度而导致的水污染和疾病流行。之后兴建了大规模的城市地下排水系统等基础设施，并一直沿用至今。同样，在经历了烟雾污染后，伦敦在治理大气污染物排放源的同时，大规模扩建城市绿地。在城市外围建设大型环状绿地，有效地缓解了大气污染。如今，伦敦虽然人口稠密，但人均绿化面积已高达 24m²。生态基础设施规划对城市环境的治理无疑起到了较大的推进作用。

2. 资源过度集中给城市基础设施带来的压力

人类发展是一个不断扩大人类选择权的过程，它以自然资源共享为前提。[3]但随着城市化进程的加速，大多数城市正在以最严峻、脆弱的生态环境和最少的自然资源承载着数量最多的人口。虽然大量人口涌入城市，为城市发展提供了劳动力支撑，但城市基础设施的建设速度往往难以跟上人口增长的速度，人口与资源环境的矛盾也逐渐突显。

随着大城市的居民住宅呈现郊区化（suburbanization）态势，而办公和公共基础设施大多位于市中心，人们的出行距离增加，对道路交通的需求成倍增长。当其承载负荷超出正常范围，便造成城市拥堵，陷入恶性循环。医院、学校、垃圾处理场等公共设施越来越难以满足人们的需求，看病难、出行难已经成为各大城市的通病。资源的不均衡分布给城市基础设施带来了严重的压力，自然资源共享逐渐成为纸上空谈。

此外，在城市发展的过程中改变了土地表面的自然属性，大面积不透水的硬质下垫面构成了城市公共空间的主要组成部分。降雨时雨水无法自然下渗，基本上完全依赖于城市排水系统，极大地增加了排水基础设施的压力。在今天的城市中，当出现强度较高的急降雨时，街道被淹没的现象比比皆是，甚至会造成生命财产损失。不仅如此，排水系统不堪重负时，若雨污混合流出，还会导致严重的城市水污染等问题。基础设施所面临的压力，使得城市在气候变化面前显得十分脆弱，缺乏弹性。

3. 生态基础设施建设的契机

在 19 世纪的城市研究中，政府、规划者和设计师们已经逐渐意识到城市基础设施所蕴藏的生态潜力：生态基础设施具有组织城市结构和改善环境功能的作用；它并不仅仅局限于城市开放空间，还可以作为城市扩张的新的组成部分。1962年，蕾切尔·卡森（Rachel Carson）的著作《寂静的春天》（*Silent Spring*）引发了全球生态保护意识的觉醒。此后，随着人们对生态保护关注程度的增加，可持续发展开始逐渐成为城市建设中的新议题。从1972年6月召开的联合国人类环境会议到2009年12月的哥本哈根联合国气候峰会，标志着人类正在对环境与发展之间协调的途径进行不断的探索。

针对城市化产生的环境问题和后工业时代社会结构的改变，欧洲、美国很多重要城市的发展开始出现两种极端的趋势：城市外围的无序蔓延和城市中心的衰败收缩。城市的畸形增长造成了土地的过度消耗和对生态系统平衡的破坏。自20世纪90年代起，北美学者开始检讨这种城市无序蔓延的增长方式，并提出"精明增长"（Smart Growth）的理念，对土地开发进行管理，使其得到最大限度的利用。在此基础上，到20世纪末，很多西方发达国家的城市开始提倡并推广生态基础设施在改善水质、公共健康、恢复环境和促进经济发展等方面的多重效益，并将生态基础设施作为环境保护和塑造城市形态的新方式。[4]

1999年，美国可持续发展委员会在报告中强调绿色基础设施是一种能够指导土地利用和经济发展模式往更高效和可持续方向发展的重要战略[5]，并将其确定为社区可持续发展的重要战略之一，作为土地利用与开发模式的指导原则。自此，北美、欧洲、亚洲的诸多国家都开始了生态基础设施的相关探索和实践，并把生态基础设施规划纳入国家、州域和地方的规划政策中，掀起了城市生态基础设施建设的浪潮。如美国纽约的PlaNYC规划[6]、马里兰州提出的绿色基础设施评价体系[7]、西雅图的城市绿色基础设施规划[8]、英国伦敦东部绿网规划等。国家、城市和地方政府作为引导者，为生态基础设施的规划建设提供了政策和经济等多方面的支持，为生态基础设施的全面推广奠定了坚实的基础。

在中国，自党的十八大以来，习近平总书记对我国的生态文明建设提出了一系列新要求和观点。2013年5月24日，习近平总书记在十八届中共中央政治局第六次集体学习时强调："生态环境保护是功在当代、利在千秋的事业。要清醒认识保护生态环境、治理环境污染的紧迫性和艰巨性，清醒认识加强生态文明建设的重要性和必要性，以对人民群众、对子孙后代高度负责的态度和责任，真正下决心把环境污染治理好、把生态环境建设好……为人民创造良好生产生活环境。"[9]

2014 年 10 月，我国住房和城乡建设部正式发布《海绵城市建设技术指南——低影响开发雨水系统构建（试行）》，以政府导向为支持，推进城市雨水基础设施的建设。该指南将改变我国在生态雨水设计、管理方面"理论一大套，形态老一套"的尴尬局面。

从提出"美丽中国"，到提倡"生态文明建设"，再到推广"海绵城市"，从政府层面对生态理念大力支持。此外，大规模的投资建设和推广，也为我国的城市生态基础设施建设提供了广阔的前景和良好的发展契机。

1.1.2 研究目的和意义

土地经常被形容为无物质空间边界的连续人造景观[10]，人们往往忽视了另一类"自然"空间，即来自于城市建筑、技术和基础设施的自然。而生态基础设施的实践弥合了不同学科体系之间的种种分歧和对立，如人工与自然、形式与功能、生态与规划、发展与保护等。此外，生态基础设施规划将生态学原理渗透进政治、文化表达、经济和社会法律体系等诸多方面，用于指导城市整体规划和保护生态网络（Ecological Network），这些因素都是城市生态系统至关重要的部分。

自 21 世纪初至今，我国的学者也引进了西方生态基础设施规划的一些思想和实践，但大都相对零散，一直缺乏系统性的分析和研究。本书通过对西方生态基础设施规划的理论与实践进行分析、归纳和总结，完善目前的生态基础设施知识体系，为我国的城市建设提供更有力的理论支撑，为我国城市生态文明建设和风景园林的发展提供更深层次的学术基础。

选择西方城市是因为生态基础设施概念起源于欧洲，其理论体系经过多年的发展，已经趋于成熟。目前，相关的实践案例也主要集中在北美、欧洲和个别亚洲城市，其发展历程和规划案例能为我国的生态基础设施建设提供一定程度的借鉴。

我国目前生态基础设施的建设情况与西方国家几十年前的情形有着惊人的相似。因此，我们要防患于未然，落实生态安全规划建设，协调城市发展与环境安全问题，这将对中国当前在发展过程中所面临的一系列挑战产生深远的影响。

1.2 | 国内外
研究综述

1.2.1 国外研究进展

刘易斯·芒福德（Lewis Mumford）在 1961 年出版的《城市发展史——起源、演变和前景》（*The City in History: A Powerfully Incisive and Influential Look at the Development of the Urban Form through the Ages*）一书，是最早全面阐述城市发展史的书籍。其研究范围涉及政治、经济、文化、历史、地理、城市规划与建筑等诸多方面，指出了历史、人文和环境因素在城市和区域规划中占有的重要地位。出版后其规划思想迅速传遍西方国家，并使得欧洲的城市设计重新确定了方向。[11、12]

美国地理学家、外交家、自然资源保护论者乔治·珀金斯·马什（G. P. Marsh）是第一个揭示出环境资源的滥用对人类造成威胁的学者。1864 年，他撰写的著作《人与自然：人类活动所改变了的自然地理》（*Man and Nature: Or, Physical Geography as Modified by Human Action*），对人们开发自然过程中产生的破坏提出了反思。他认为人类如果用理性、科学的方法进行开发，便可以挽救人类发展给自然带来的破坏。该书表达了人与自然和谐的观念和自然保护的思想[13]，成为 19 世纪地理学、生态学和资源管理领域的重要著作。因此，马什又被称作现代环境保护主义之父，其著作也被誉为"环境保护主义的源泉"。虽然这本书在当时并没有引起人们足够的重视；但作为环境保护的第一声呐喊，马什的生态主义思想对当时的社会产生了一定的影响，人们开始重新审视自己对待自然的态度。

随着后工业时代的到来，19 世纪的城市景观规划发展在某种程度上显示了一种与工业化相反的景象，即城市生态景观的发展受到了逆工业化运动的影响。[14] 这段时间先后出现的相关理论与著作有：埃比尼泽·霍华德（Ebenezer Howard）在《明日的田园城市》（*Garden Cities of Tomorrow*）一书中提出的"田园城市"

（Garden City）思想 [15]，20世纪30年代建筑师弗兰克·劳埃德·赖特提出的"广亩城市"（Broadacre City）概念，勒·柯布西耶在《光辉城市》（La Ville Radieuse）一书中提出的"光辉城市"思想 [16]，以及城市美化运动（City Beautiful Movement）等。这些理论都对城市可持续发展和环境改善进行了探索。

1962年，美国海洋生物学家蕾切尔·卡森的著作《寂静的春天》开启了人类的环保事业，引发了人们对于环保意识的激烈探讨；自此，环境保护成为城市发展中具有争议性的话题。20世纪60年代末，宾夕法尼亚大学研究生院风景园林设计及区域规划系创始人及系主任伊恩·伦诺克斯·麦克哈格（Ian Lennox McHarg）提出"生态规划"的思想。在其著作《设计结合自然》（Design with Nature）中，首次提出了运用生态主义思想和方法来规划和设计自然环境的观点，建立了当时景观规划的准则。使景观设计师成为当时正处于萌芽阶段的环境运动的主导力量，标志着景观规划设计专业承担起二战后工业时代人类整体生态环境规划设计的重任。[17]

20世纪80年代，景观生态学从欧洲传到美国，并成为土地规划的辅助学科。哈佛大学教授理查德·T. T. 福尔曼（Richard T. T. Forman）出版了《景观生态学》（Landscape Ecology）一书，创建了景观生态学（Landscape Ecology）学科；这一新的学科成为生态学新的分支。在麦克哈格思想的基础上，使得生态设计理论有了较大程度的发展。福尔曼在景观生态学中提出了"斑块、廊道、基质"是生态网络的基本构成体系，并指出自然是动态的、有生命的生态系统，水体、能量和野生动物之间存在着流动和交换。[12, 18]

但在现代城市的复杂背景下，景观生态学的思想和理论较难实现。于是20世纪90年代末孕育出了景观都市主义（Landscape Urbanism）的思想。景观都市主义者对麦克哈格的生态主义思想进行了继承和反思，反对生态主义思想中"人与自然对立"的理念，反对生态和城市的二元对立；提倡在复杂的城市环境中寻求人与自然和谐共生的设计方法。此外，景观都市主义强调"基础设施"在当代城市中的重要地位和巨大潜力，致力于景观与城市基础设施的结合；强调利用灵活的设计过程来协调城市和生态的进程，且更强调一种"城市生态学"层面的复兴。

研究景观都市主义的核心人物有曾任美国宾夕法尼亚大学景观系主任的詹姆斯·科纳（James Corner）、曾任哈佛大学景观设计学院景观设计系主任的查尔斯·瓦尔德海姆（Charles Waldheim）以及曾任哈佛大学设计研究生院院长的莫森·莫斯塔法维（Mohsen Mostafavi）。景观都市主义的概念由瓦尔德海姆首次正式提出，指出"景观取代建筑，成为城市建设的最基本要素"。[19] 自2006 年起，科纳主持了多次针对景观都市主义的研讨，并将相关研究成果汇集编撰成《景观都市主义》（Landscape Urbanism Reader）一书。他的一系列文章和实践项目为城市基础设施与生态景观相结合的设计奠定了理论基础。

随着景观都市主义的推广，人们开始普遍意识到城市基础设施的生态价值及其重要性。首次系统地阐述生态基础设施理论和发展的著作是 2006 年美国的马克·A. 贝内迪克特（Mark A. Benedict）和爱德华·T. 麦克马洪（Edward T. McMahon）共同撰写的《绿色基础设施：连接景观与社区》（Green Infrastructure: Linking Landscapes and Communities）。[20] 贝内迪克特为美国马萨诸塞州大学生态植物学博士，同时也是美国自然保护基金会（The Conservation Fund）的高级顾问。这本书也是国内引进的第一本系统阐述西方生态基础设施规划理论的书籍。该书撰写于 2006 年，2010 年中文版在国内出版面市。作为第一本系统阐述绿色基础设施理论的著作，这本书为土地保护指明了方向。大量详细的案例给绿色基础设施的规划和实施提供了参考，对于城市开放空间的保护具有极高的研究和应用价值。

21 世纪初，西方对现代城市的批判和对生态城市的探索进入鼎盛阶段，诸如精明增长、新城市主义、绿色城市主义、农业城市主义、宜居城市、步行城市、公交优先、紧凑城市等概念应运而生。哈佛大学设计研究生院教授克里斯·里德（Chris Reed）提出景观具有基础设施所能负担的功能和潜力，并将其应用于组织城市形态和环境功能的实践中，用生态的复合途径去改造复杂的现有城市环境。[21, 22] 同样出身于哈佛的皮埃尔·博朗介（Pierre Bé´langer），从工业、能源及经济等角度，阐述生态景观作为城市基础设施的可能性。[23] 比利时鲁汶大学的副教授凯利·香农（Kelly Shannon），以当代基础设施中所蕴藏的景观美学的角度作为切入点，研究范围包括欧洲及东南亚等地区。[24] 此外，麻省理工学院建筑学院副教授艾伦·博格（Alan Berger）与瓦尔德海姆合作，从物流景观的角度论述北美的一系列都市主义实践。[25, 26]

2010 年莫森·莫斯塔法维在景观都市主义的基础上提出生态都市主义的概念，并撰写了《生态都市主义》（Ecological Urbanism）一书。从社会、经济、文化、规划设计和技术等各个方面，阐述了生态都市主义的理论内涵和应用。从不同侧面，为改变现代城市的各种病症提出了解决方案；为实现生态城市，提供了多种可供选择的途径、方法和技术参考。该书汇集了世界范围内关于生态城市的思潮和卓有成效的探索与实践，引发了整个学术界对当代城市及城市生活各个方面的颠覆性思考。

1.2.2 国内研究进展

虽然在中国传统文化中一直推崇天人合一的生态主义思想，但生态基础设施研究在我国的起步还是相对较晚。由于经历了"文化大革命"的十年浩劫和经济建设的停滞阶段，直至 1990 年，中国才制定了自己的城市规划法。

到 20 世纪末、21 世纪初，生态主义思想在国内广泛传播，生态学、地理学、城市规划学、风景园林学得以迅速发展。2003 年北京林业大学王向荣、林箐两位教授出版了《西方现代景观设计的理论与实践》一书，研究了西方现代景观的发展历程，按地区和时间的先后顺序介绍欧洲和美洲等西方国家景观发展的主要流派，其中就包含西方生态主义与景观设计的理论与实践发展。[27]2000 年，邬建国教授编著的《景观生态学——格局、过程、尺度与等级（第二版）》一书，全面且系统地介绍了现代景观生态学的基本概念、理论、研究方法及应用前景，并指出景观生态学作为一门新兴的生态学、地理学以及其他相关学科高度综合的交叉学科，如何促进其他学科（如种群、群落、生态系统生态学等）的发展。[28]

国内针对生态基础设施的研究最早见于 2001 年俞孔坚、李迪华和潮洛蒙在《规划师》上发表的"城市生态基础设施建设的十大景观战略"一文。文中引入生态基础设施的概念，认为"生态基础设施在本质上是为城市提供环境和生活服务的可持续自然系统，生态基础设施的范畴包括城市绿地系统以及一切能提供上述自然服务的农林系统及自然区域"；同时，结合我国国情，提出了"生态基础设施建设的十大景观战略"。[29]2005 年，俞孔坚、李迪华、刘海龙联合北京大学景观设计学研究院出版了《"反规划"途径》一书，首次提出"反规划"思想作为城市生态基础设施建设的方法。阐述了在城市空间规划的过程中，通过优先分析和控制城市内不进行开发建设区域的范围，来保护城市自然环境的生态规划途径。同时，将景观安全格局（Security Pattern，SP）作为判别和建立生态基础设施规划的方法。[30] 这种辩证的、逆常规思维的生态规划方法为我国的生态基础设施规划拉开了序幕。

2010 年杨沛儒博士撰写了《生态城市主义：尺度、流动与设计》一书，介绍生态取向的城市设计理论发展。[31] 此外，北京林业大学的于冰沁的博士学位论文《寻踪——生态主义思想在西方近现代风景园林中的产生、发展与实践》及李倞的博士学位论文《现代城市景观基础设施的设计思想和实践研究》分别系统地阐述了西方现代生态主义思想的发展脉络和景观与城市基础设施相结合的途径。

在实践方面，我国自 2010 年开始，在广州、深圳等珠三角地区的多个城市开展以绿道为代表的生态基础设施规划实践，并取得了较大进展。

1.2.3 综合评价与现存问题

1. 国外研究的启示

生态基础设施理念最初在欧洲的研究主要集中于生物多样性和栖息地保护方面，此后慢慢扩展至城市规划领域。2010～2015 年的研究中还出现了大数据分析和空间量化分析等研究方法。在美国，生态基础设施起源于绿道规划，其理论在 20 世纪末得到了迅速发展；并于 2005～2015 年，在美国的各大城市展开了大量的实地规划。研究类型主要集中于生态基础设施评价体系和城市生态基础设施总体规划，研究的侧重点是绿地保护规划和生态雨洪管理。

总体而言，西方的生态基础设施规划理论和实践有以下几点共性特征值得我国借鉴：

（1）建立生态基础设施的评估策略框架，通过评估体系的建立，对生态基础设施进行分类保护。优先确定"不可建设区域"，作为城市开发和建设的刚性限制。

（2）基于城市空间格局的多样性，依据规划范围的不同，对生态基础设施进行多尺度研究，衍生出相应的规划设计方法。

（3）进行多学科整合的研究与实践，包括城市规划、风景园林、生态、水文地质、动植物及经济等相关学科的合作，综合制定规划方案。

（4）政府管理部门积极参与生态基础设施规划政策的制定与建设，这也是西方国家目前城市建设发展的主要内容。

2. 国内研究存在的不足

中国的生态基础设施研究和实践还处于起步阶段，尚未形成系统的生态基础设施规划和设计的理论、方法与体系。总体而言，国内的研究主要存在以下几点问题：

（1）目前我国生态基础设施研究和实践的关注点多集中于大尺度空间格局的理论研究，对中小尺度空间格局的实践和研究成果较少。

（2）我国的生态基础设施研究缺乏跨学科的整合，研究层面较为单一。此外，我国的生态基础设施规划主要由城市规划部门编制，缺乏景观、生态、水文、交通等多部门的协调参与；因此，往往在细化方面考虑不周全。

（3）在规划制定的过程中，政府部门的参与度不高。生态基础设施作为公共设施，缺少政府的主导实施和政策的支持引导。

（4）目前在国内进行的生态基础设施研究，多见于城市绿地规划的过程中，附属于城市总体规划，没有提升到与社会发展相适应的战略高度。现有的相关研究也大多各自针对绿地、水文、生物多样性等局部领域，没有真正深入到整个生态系统及其功能结构完善的层面。

1.3 | 释义

1.3.1 基础设施与灰色基础设施

基础设施（Urban Infrastructure）是一个社会运行所需的基本物质和组织结构[32]，是指为社会生产和居民生活提供公共服务的物质工程设施，是社会赖以生存发展的一般物质条件。按功能类别，基础设施可分为三类：结构基础设施、后勤基础设施及生态基础设施（Ecological Infrastructure，EI）。其中，结构基础设施包括常规的功能性工程——水利设施、公路、铁路、机场、通信、水电、燃气等公共设施；后勤基础设施包括教育、科技、医疗卫生、体育及文化等社会事业，也可称之为"社会性基础设施"[33]；生态基础设施包括森林、湿地、绿道、自然保护区等绿色生态空间。简而言之，人类自从尝试改造自然以来，所建造的一切都是基础设施。

灰色基础设施（Gray Infrastructure）是近些年相对于生态（绿色）基础设施提出的词汇。随着环境保护意识的增强和生态基础设施的发展，国外一些学者将具有生态效益、有益于环境可持续发展的基础设施分离出来，称之为生态基础设施，而将其他非可持续的常规基础设施称为灰色基础设施。

1.3.2 生态基础设施及相关概念

1. 生态基础设施的概念及类别

生态基础设施的概念最早见于1984年联合国教科文组织发起的"人与生物圈计划"（Man and Biosphere Programme，MAB）的研究过程。MAB针对全球14个城市的城市生态系统研究报告提出了生态城市规划五项原则，其中生态基础设施表示自然景观和腹地对城市的持久支持能力。[34]随后这个概念在生物多样性保护的研究领域得到应用，用此概念表示栖息地网络的设计，强调其对于提供生物栖息地以及生产资源等方面的作用。[35]概念提出的初期，生态基础设施主要应用于欧洲生物栖息地网络的设计；但如今其涵盖范围已大大拓展，并已深入到城市规划领域，在区域生态安全格局及城市基础设施规划中得到应用。

由于提出时所针对的国家和用地问题不同，生态基础设施至今没有统一的定义。目前，认可度较高的是美国自然保护基金会的贝内迪克特对其所作的定义："自然区域和其他开放空间相互连接的网络，该网络有助于保存自然的生态价值和功能，维持洁净的空气和水源，有益于社区和居民的生活健康和质量"。[20]具体来说，生态基础设施是一种由多样化的生态景观相互连接而成的自然生命支持系统。其中包括绿色通道、公园及其他保育土地。它们可以作为乡土生物的栖息地，维持自然生态过程，更新空气与水体，并保障社区居民的健康和生活质量。[36]生态基础设施可以被认为是一切具有多样生态效益的、基于不同空间尺度的网络，包含自然用地、半自然用地和人工基础设施。其概念强调城市空间和半城市绿色空间的品质、它们多功能的角色，以及栖息地之间互相联系的重要性。[37]

生态基础设施的概念是为了将城市绿地系统和生态空间提升为一个统一的规

划实体而提出的。[37] 作为一个综合的概念，生态基础设施不仅包含了城市基础设施及自然开放空间，也包括了大尺度区域内的生态安全格局。从广义的角度看，生态基础设施泛指一切自然或人为可持续系统的基础性结构，由城市景观及自然景观中的生态系统组成，能够可持续地为自然环境和人类提供生活及生态服务，保证物种的生存得以延续。这种服务内容可以包括：食物和清洁的水源，多样的栖息地环境，减少气候灾害的发生，吸纳调节雨洪，提供休闲娱乐空间和文化启智场所等。[29] 总而言之，生态基础设施是为生存环境提供社会、经济和环境效益的生态网络系统。[38]

生态基础设施作为一个整体规划的概念是全新的，它反映了人们对于生态网络体系规划认识的新高度，但生态基础设施的内容又都是人们所熟知的。具体来说，栖息地、自然保护区、森林、河流、沿海地带、公园、湿地、生态廊道以及其他一切自然或半自然的、能够提供生态服务的区域，都属于生态基础设施。

2. 景观与基础设施

传统的景观所追求的是一种"自然"的文化意向，人们对"自然"的理解往往是舒缓起伏的田园景致，郁郁葱葱的公园景色。这些自然的要素诚然是现代城市中不可缺少的一部分，但城市中也存在着另一种极具潜力的"景观"要素——来自于城市建筑、技术和基础设施的景观。

在现代社会，景观从最初基于文化意向的"自然"，逐渐转换为一种集交通、生态、文化、功能和社会经济于一体的绿色复合体，也就是本文所讨论的生态基础设施。景观与基础设施的关系可以从以下三个层面来理解。

（1）生态基础设施的第一个层面是基础设施性的景观，其中包含能够直接为市民提供生态服务的景观，如公园绿地、自然栖息地、林地、农业生产用地等；这些景观本身就具有基础设施的功能和价值。

（2）生态基础设施的第二个层面是基础设施的景观化。在这个层面中，生态基础设施是依附于城市基础设施的景观。通俗地讲，就是为城市的灰色基础设施披上一层"绿色"的外衣。改善其单一的功能性，使其具有多重生态效益。

（3）生态基础设施的第三个层面在于它所具有的弹性与多功能性。景观作为承载着多种生物与非生物过程的载体，能够将这些动态的发展过程与原本孤立、静态的基础设施相结合，使其具有弹性及灵活性，以应对更加复杂的城市环境变化。

3. 生态基础设施与绿色基础设施

生态基础设施的概念最早出现在欧洲，其定义为"对自然景观和腹地的支持能力"[35]；最初用于自然和生物多样性的保护领域，在欧洲应用较为广泛。绿色基础设施的概念出现在 20 世纪 90 年代的美国，最初用于城市生态安全格局的保护与评价，随后传遍全球。二者在产生初期所针对的领域和范围有所差别，但在随后的发展中趋于一致。目前生态基础设施的概念在美国也得到了广泛应用，如纽约进行的生态基础设施研究项目（New York Ecological Infrastructure Study，NYEIS）。

虽然生态基础设施与绿色基础设施二者的概念已经趋于一致，人们也往往认为，生态基础设施就是连接成网络的绿地空间体系。诚然，绿色空间网络是生态基础设施最常见的形态，但深究起来，二者还是有着细微差别的：绿色基础设施指连接成系统的绿色空间网络，其强调的重点在于绿色空间的"连接性"；而生态基础设施则更加注重生态效益的最大化以及环境的可持续性。

从生态基础设施的本质来看，并不是所有连通的绿色空间网络都可以被称为生态基础设施。能否被称为生态基础设施，本质上要看其是否能减缓灰色基础设施的压力、有益于环境的可持续发展以及生态价值的最大化，这三点是判定生态基础设施的重要依据。而要实现这三个最终目标不能局限于单一的技术逻辑，也不是简单地将绿地彼此相连。[39] 而绿色空间这一概念也并不意味着包含以上三种功能，它只是对绿色植被覆盖状态的表述。

1.3.3 本书对于生态基础设施的定义

本书将生态基础设施的定义分为两个层面：在区域和城市的宏观层面，生态基础设施是一个利用自然区域和其他开放空间来保存自然的生态价值，并应对城市问题和气候挑战的网络系统；在场地的微观层面，生态基础设施是人工基础设施与生态景观的整合，包括城市河道、街道、雨水管理系统、构筑物、废弃地等人工基础设施的景观改造。

在宏观层面，生态基础设施的主要功能侧重于恢复生物多样性，保护自然生态网络，适应气候变化，提供农产品和食物，提高空气质量等。在微观层面，生态基础设施的主要功能是缓解灰色基础设施的压力并改善区域环境；这涵盖了城市雨洪管理，减缓热岛效应，提高水体和土壤质量，发展可持续能源，以及通过对公共空间的改善，提高人类生活品质等。

由于在场地微观层面，生态基础设施所包含的概念极其广泛。本文所研究的重点是基于人工基础设施的生态景观，不包含广义的园林绿地的范畴，其分类也是根据市政基础设施的类型划分的。

1.3.4 生态基础设施的相关概念辨析

随着可持续性变为城市发展的新目标，生态基础设施在西方国家得到了广泛推崇和应用。生态基础设施的概念起源于欧洲，最初用于生物栖息地和生物多样性保护。

绿色基础设施的概念起源于美国，最初用于城市绿色空间和生态廊道的规划。从最初的起源来说，生态基础设施强调以生态服务系统为核心的生物栖息地和生物多样性保护；而绿色基础设施侧重于生态网络和雨水管理。二者在发展初期的侧重点有所不同；在适用地区上也存在差异，欧洲较常用生态基础设施一词，而绿色基础设施则在美国、加拿大十分常见。发展至今，就表达的含义来说，二者已逐渐趋于一致。

在 20 世纪 90 年代末，先后出现了绿色基础设施（Green Infrastructure，GI）、绿道（Greenway）、生态网络、生态廊道（Ecological Corridor）、生境网络（Habitat Network）、环境廊道（Environmental Corridor）等概念。[40] 由于国家和地区不同，所针对的环境问题不同，这些概念提出的角度和出发点也会有所不同，侧重点略有区别，主要表现在以下三个方面。

（1）从侧重点来看，在概念提出初期，生态基础设施、生态廊道、生境网络等概念侧重于生物多样性的保护，强调核心区和廊道等形态在规划过程中的作用。

（2）从表述形态来看，根据景观生态学理论，上述概念是斑块（Patch）、廊道（Corridor）和基质（Matrix）三个生态概念的不同表述形态。

（3）从空间尺度来看，在概念形成的初期，生态基础设施主要应用在洲际、国家和区域尺度，绿道和环境廊道主要应用在城市或区域尺度，而生态廊道、生境网络等概念多用于区域尺度。但随着实践的发展，近些年生态基础设施的概念变得十分广泛，涵盖了从国家到区域的多种尺度。

这些概念都是用来形容绿地空间系统的形态，只是由不同的国家、地区，针对不同的问题提出，所面临的土地利用特点不同。但在本质上，这些概念都有着同样的本质——保存自然的生态价值和功能，为所有生物提供安全、健康的栖息环境。

1.4 | 研究方法与
创新点

1.4.1 研究方法

（1）多学科交叉的文献研究

搜集、鉴别和整理相关文献是本书研究的基础环节。书中的内容涉及城市规划、景观规划和生态学三个研究领域，涵盖庞大的背景知识。通过大量阅读城市发展史、西方园林史、城市规划学、生态学和景观都市主义等相关论著，确定了本书的研究方向，为本书的撰写打下了坚实的理论基础。生态基础设施的相关理论资料主要来自欧洲和美国，由于在研究地域和针对性方面有着很大的差别，资料不成系统，增加了研究的难度，因此理清脉络和归纳总结是文献研究部分的关键。

（2）实地调查

在美国调研期间，笔者实地走访了文献中提到的纽约、波士顿、费城、洛杉矶、马里兰州等地，进行调查研究，对于规划建成的生态基础设施有了客观的认识。着重调查了本书案例分析中的费城生态基础设施规划。通过和规划部门、水利部门的管理人员和设计人员进行交流，了解规划实施的实际状况，以便提高调查研究的准确度和真实性。

（3）案例分析

书中采用了大量具有代表性的实际案例，对西方生态基础设施理论如何落实进行深入研究。从评价体系、规划策略和实施方法中分别选取典型案例与之对应，使本书不仅仅局限于理论研究的视角。书中选取的案例多数方法成熟，有着较为广泛的影响力，可以对我国生态基础设施规划起到很好的借鉴和参考作用。

（4）总结归纳

在对数据的处理上，本书将研究成果和数据加以归纳总结，并以直观的方式表达，便于理解。同时，在资料研究和案例分析的基础上，将西方生态基础设施的理论与实践加以归纳总结；分析现有的不足，并结合中国国情，提出适合我国国情的生态基础设施建设策略与方法。

1.4.2 研究创新点

目前，国内针对生态基础设施理论和实践的系统性研究较少，相关的理论著作也较为缺乏。因此，本书在一定程度上完善了国内生态基础设施体系的相关研究。同时，身为风景园林设计理论的研究者与规划设计人员，笔者希望通过系统研究和整理，针对西方现代生态基础设施的发展脉络和规划设计方法搭建起清晰的框架，为我国的生态文明建设奠定坚实的理论基础。

总体而言，本文的创新点表现在以下 4 个方面：

（1）梳理了自 19 世纪以来生态主义思想在城市规划进程中的发展脉络，以及城市生态规划和生态基础设施诞生的理论背景。

（2）基于对大量案例的分析，总结出宏观层面生态基础设施的内涵、方法和规划流程。

（3）根据用地的尺度范围，将生态基础设施应用的具体类型加以分类，并针对不同类型，总结出生态基础设施在各个层面的规划设计要点、实施策略及构建模式。

（4）在研究西方生态基础设施理论和实践的基础上，针对我国的具体国情和现状，提出具有中国特色的生态基础设施规划方法和建议。

1.5 | 研究思路与框架

1.5.1 研究内容及思路

本书的主要内容为西方城市生态基础设施规划的理论与实践发展，所研究的地域主要集中在欧洲及美洲大陆，时间跨越 18 世纪中期至 2015 年。

具体研究思路如下：

第 1 章"绪论"，介绍了本书的整体研究背景和思路框架。研究背景的部分提出了现代城市化进程中出现的问题，包括城市化所导致的环境问题、资源过度集中给城市基础设施带来的压力，以及现代生态基础设施建设的必然趋势和契机。对生态基础设施等相关概念进行归纳和辨析；通过对国内外的历史文献、专著、学术报告等研究成果进行回顾、梳理和总结，提出了我国目前相关研究的缺失以及所存在的问题。

第 2 章"生态基础设施理念的发展历程"，将 19 世纪 50 年代到 2015 年的生态基础设施理论，根据发展趋势划分为 5 个时期：萌芽期、革新探索期、理念提升期、理论成熟期以及建设兴盛期，并分别对其理论发展进行归纳和总结。

第 3 章"城市生态基础设施的内涵与规划方法"，总结了生态基础设施的 6 项内涵：连通性、多功能性、弹性、栖息属性、独特性和投资回报属性；提出了生态基础设施规划的方法和体系：明确设计目标、收集相关数据、确定网络元素、设置优先级评定和景观改变，并对每一个步骤进行详细阐述。

第 4 章~第 6 章为宏观、中观、微观三种尺度下城市生态基础设施的主要类型和设计途径：宏观区域尺度内，作为景观安全格局的分析方法；中观城市尺度内，作为城市生态网络的构建途径；微观场地尺度内，作为生态化的人工基础设施。并结合理论综述和大量的案例分析，阐述三种尺度的生态基础设施的具体设计途径，并加以分析和总结。

第 7 章"生态基础设施的效益、管理及实施",从生态环境和社会经济的层面研究了生态基础设施的多重功能和效益,并结合大量案例和数据进行说明。提出了生态基础设施管理的重要性及其方法流程,并指出生态基础设施得以顺利实施的驱动因素,包括多学科的协同合作、政策法规的支持引导、评价体系的制立以及社会公众的参与等。

第 8 章"总结与思辨",对全文提出的所有观点与得出的结论进行回顾和总结。研究了我国生态基础设施规划的现状、所存在问题及其影响因素。在理论研究的基础上,结合中国国情,提出对我国生态基础设施规划建设未来发展的启示,为今后我国建设生态城市提供借鉴与参考。

1.5.2 研究框架

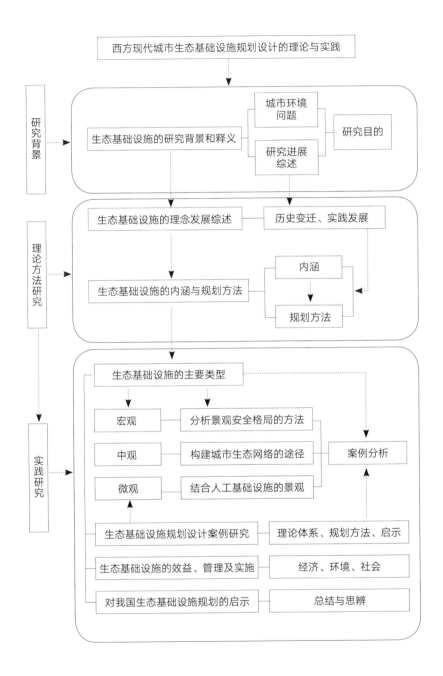

西方现代城市生态基础设施规划设计的理论与实践

研究背景

生态基础设施的研究背景和释义

城市环境问题

研究进展综述

研究目的

理论方法研究

生态基础设施的理念发展综述

历史变迁、实践发展

生态基础设施的内涵与规划方法

内涵

规划方法

实践研究

生态基础设施的主要类型

宏观

分析景观安全格局的方法

中观

构建城市生态网络的途径

案例分析

微观

结合人工基础设施的景观

生态基础设施规划设计案例研究

理论体系、规划方法、启示

生态基础设施的效益、管理及实施

经济、环境、社会

对我国生态基础设施规划的启示

总结与思辨

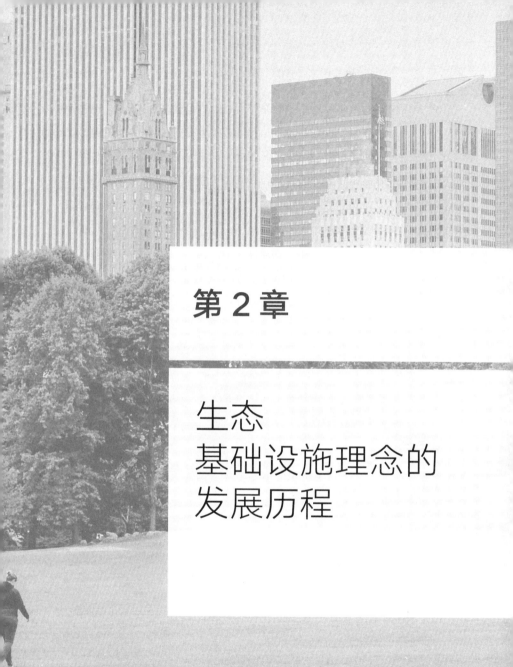

第 2 章

生态
基础设施理念的
发展历程

生态基础设施这一概念出现的时间较为晚近，但其概念并非全新。回顾历史不难看出，城市长远发展的关键就在于人类对自然的改造和生态环境之间的动态平衡。古希腊思想家柏拉图（Ploto）就曾指出，若不能维持良好的生态环境，再繁华的文明也会随时间消逝，变成"荒芜了的古神殿"。[41] 城市发展与规划学者乔尔·科特金(Joel Kotkin)曾指出，一个没有道义约束或没有市民属性概念的城市，即使富庶，也不可能长久。[42] 从先贤古朴的生态主义思想，到人类对于自然和生态的研究，很多理论和概念虽然使用的名词不是"生态基础设施"，但其内在含义是一样的。

对于现代城市基础设施的探索出现在 1850 年人们对于土地开发和自然保护之间关系的大量研究。在如今的西方国家中，生态基础设施已经逐渐发展出完善的理论和知识体系，被应用于保护国土生态网络、野生生物栖息地、森林、河流、湿地和荒野地开发等相关领域。在经历了一百七十多年的发展之后，目前生态基础设施已经成为一个决定利用土地的最佳方式的科学方法；同时，也为城市规划和生态建设提供了科学依据。本章将生态基础设施理念的发展历程总结如下（表 2-1）。

生态基础设施理念的发展历程　　　　　　　　　　　　　　　　表 2-1

阶　段	主　题	理论与实践概述
萌芽期 （1850~1900年）	对土地利用的反思； 城市公园系统的出现	·乔治·珀金斯·马什的著作《人与自然：人类活动所改变了的自然地理》； ·亨利·戴维·梭罗（Henry David Thoreau）提出保护环境的重要性； ·弗雷德里克·劳·奥姆斯特德（Frederick Law Olmsted）提出"公园系统"的概念，并在美国进行了大量的相关实践； ·查尔斯·艾略特（Charles Eliot）提出波士顿大都市公园体系的规划（Metropolitan Park System of Boston）

阶 段	主 题	理论与实践概述
革新探索期 （1900~1950年）	田园城市思想的探索； 大尺度规划方法的实验和探索； 生态结合设计； 环境保护主义运动	· 埃比尼泽·霍华德出版了《明日的田园城市》一书； · "绿带"思想在英国得到应用，"用于控制城市的蔓延增长"； · 沃伦·曼宁（Warren Manning）利用图层叠加技术，分析了一块场地的自然和文化信息； · 生态学家维克多·谢尔福德（Victor Shelford）呼吁自然区域及其缓冲区域的保护； · 蕾切尔·卡森的《寂静的春天》一书的出版开启了环境保护运动
理念提升期 （1950~1970年）	设计结合自然； 生态网络与绿道	· 麦克哈格认为生态应作为设计的基础； · "生态网络"在欧洲的理论与实践； · "绿道"的概念被正式提出，并在美国得到实践； · 德国地理学家 C. 特洛尔（Carl Troll）提出"景观生态学"的概念，用以研究大尺度空间生态系统的空间安全格局； · 麦克阿瑟（R. H. MacArchur）和威尔逊（E. O. Wilson）提出岛屿生物地理学，用于保护生物多样性
理论成熟期 （1970~1990年）	复杂的土地规划中的科学分析； 生物多样性和生态网络体系的保护	· 保护生物学（Conservation Biology）学科的建立，用于保护生物多样性和物种栖息地； · 理查德·T. T. 福尔曼创建了景观生态学学科，研究大尺度区域的生态保护； · "人与生物圈计划"（MAB）提出生态基础设施的概念，作为区域保护规划的主要原则和途径； · 美国自然保护基金会着眼于城市绿道项目的建设，并在美国开展相关的实践探索； · GIS 成为区域规划的工具
建设兴盛期 （1990~2015 年）	关注生态网络的规模； 景观安全格局规划； 通过生态基础设施的规划确定并连接优先保护区域； 群众在决策过程中的参与	· 美国佛罗里达州最先致力于州域内的绿道建设，马里兰州建立了州域范围内生态基础设施网络的评估体系； · 精明增长、景观都市主义、生态都市主义等概念的提出和发展； · 城市的收缩与生态基础设施的修复； · 低影响开发理念的提出； · 生态基础设施作为城市生态雨水管理的途径； · 生态基础设施在北美和欧洲的大规模实践

2.1 | 人类早期的
朴素生态思想

图 2-1　科罗拉多州的梅萨维德悬崖窑洞
图片来源：ROUSE D C, BUNSTER-OSSA I F.
Green Infrastructure: A Landscape Approach [M].
APA Planning Advisory Service Reports, 2013.

生态基础设施的概念虽然出现的时间不长，但回顾城市发展史，人类的祖先早就有过城市生态化的整体思想，只是没有以此命名而已。人类早期的栖息地很多都起始于基础设施与景观的结合。以现今位于伊拉克境内底格里斯河和幼发拉底河之间的冲积平原的城市发展为例，也就是后来被希腊人称为美索不达米亚的地区。两河流域有着丰富的鱼类，河岸边野生动物随处可见。人们利用现有的生态环境种植谷类、小麦、大麦等农作物，使得新石器时代的劳动产品有了剩余，而城市文明正起源于此。[43]

在科罗拉多州，阿纳萨齐族人从公元6世纪开始就在科罗拉多大峡谷定居，所居住的梅萨维德悬崖窑洞（Mesa Verde cliff dwellings in Colorado）就是一个典型的例子（图 2-1）。普韦布洛（Pueblo）城内的建筑是采用当地的砂岩建造而成，巧妙地将人工基础设施与自然融为一体。同样的，世界新七大奇迹之一的马丘比丘（Machu Picchu）位于现今的秘鲁境内，是前哥伦布时期印加帝国的遗迹，距今已有五百多年的历史。城市遗址位于海拔两千多米的山脊上，周围环绕着热带雨林，向下俯瞰着乌鲁班巴河谷。整个城市布局顺应山势的走向，每一块石墙都呈不同角度，其灵活的布局模仿了所处大环境的自然形态。该遗址 1983 年被联合国教科文组织定为世界遗产，是世界上为数不多的文化与自然双重遗产之一。这些顺应自然、"天人合一"的规划案例就是人类早期朴素的生态主义思想的体现。

类似的还有史料记载的古巴比伦宫苑——空中花园，又称"悬园"（Hanging

Garden）。虽然空中花园已不复存在，却留下了大量相关史料和记载。从文献中可以看出，空中花园是建造在数层平台之上的屋顶花园，在宫苑的屋顶平台上进行覆土，种植花草树木并引水灌溉。远远望去，空中花园仿佛悬在空中一般 [44]，从中可以想见当时建筑、结构、防水和园艺的水平。巴比伦空中花园的实践也是城市基础设施与景观相结合的先例。

2.2 | 生态主义思想的萌芽期（1850 ~ 1900 年）

2.2.1 对于土地利用的反思

1847 年，乔治·珀金斯·马什在佛蒙特州的演讲中呼吁人们重视人类活动对自然造成的破坏和威胁。这次演讲为他 1864 年推出的著作《人与自然：人类活动所改变了的自然地理》一书奠定了理论基础。随后不久，美国当代环境保护主义运动的先驱亨利·戴维·梭罗开始反思人与自然的关系，提出"保护未被破坏的自然极为重要"，并在其代表作《瓦尔登湖》（Walden）里通过对自然细致入微的描写，体现出早期生态哲学的思想。

在 19 世纪到 20 世纪期间，生态主义思想所关注的核心是土地保护，并逐渐将视野转移至城市开放空间的规划领域。强调的重点是如何减少人类开发建设对土地造成的损害，也是对于长久以来传统城市规划模式的反思。在这一时期，生态主义的观念初步形成，并渗透进城市规划的方法中，被用于指导土地利用。

2.2.2 城市公园系统的出现

1. 欧洲生态思想带来的影响

欧洲的生态思想和景观发展对美国有着深远的影响。美国较为著名的城市规划师、景观设计师、园艺师很多都在游历欧洲的过程中得到了灵感并在设计中受到启发。包括F.L.奥姆斯特德和为芝加哥做城市规划的建筑师、规划师丹尼尔·伯纳姆（Daniel H. Burnham）等，他们很多重要的规划思想都是直接从欧洲得来。例如分区（Zoning）的思想就是由爱德华·巴西特（Edward M. Bassett）在看了德国城市的布局后，将其带回纽约，并直接影响了如今纽约的街区式城市格局。[45]

2. 从纽约中央公园到波士顿公园体系

> "一个孤立的、主要服务于附近居民的公园场地，与设计成具有更广泛用途的公园场地是有显著区别的。特别是与那些作为公园系统中的一个组成部分的公园相比，其差别更加明显。对后者而言，在寻找合适的场地时，就要在很大程度上关注场地能否提供其他公园所不能提供的休闲体验。" [46]
>
> ——F. L. 奥姆斯特德

19世纪50年代，大量人口涌入城市，纽约等美国的大城市正经历着前所未有的城市化。不断被压缩的城市公园比例，使得19世纪初确立的城市格局的弊端暴露无遗。由于城市环境的恶化和传染病的流行，改善公共开放空间的环境品质已经成为地方政府的当务之急。

在这样的背景下，美国景观之父F. L.奥姆斯特德开始了景观设计与城市发展相结合的尝试，其代表作之一就是纽约的中央公园（The Central Park）。1858年中央公园设计竞赛公开举行，F. L.奥姆斯特德与卡尔弗特·沃克斯（Calvert Vaux）二人合作的中央公园设计方案被政府选中并成为最终的实施方案。F. L.奥姆斯特德预料到纽约人口将达到两百万，将来一定会有一天，公园四周发展起来，这里将是居民唯一可以见到自然风光的地方，而中央公园也将成为曼哈顿钢筋混凝土"汪洋"中的绿色岛屿。历经15年，中央公园于1873年全部建成。F. L.奥姆斯特德的预料是有远见的，在他1903年去世的时候，纽约人口已达到近四百万，到2015年纽约的人口更是达到了八百万之多。在曼哈顿耸立的摩天大楼中，中央公园成为纽约城市肌理中幸存的一片宝贵的绿洲（图2-2）。

1887年，F. L.奥姆斯特德在纽约中央公园经验的基础上，进行了最早的公园体系规划实践。他认为在城市规划中，都应将城市灰色基础设施与绿地系统和绿道相融合，才有利于塑造"如画式"的城市景观。同时，他提出了"整体性"的概念：一个单独的公园，无论设计得有多好，都无法带给人们纯粹的自然界般的感受。城

图 2-2　纽约城市及中央公园
图片来源：作者自摄

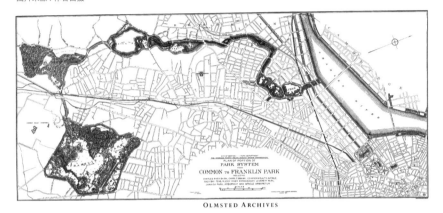

图 2-3　F. L. 奥姆斯特德规划的波士顿"翡翠项链"公园体系
图片来源：（美）F.L. 奥姆斯特德 . 美国城市的文明化 [M]. 王思思等译 . 南京：译林出版社 ,2013.

市公园应该成为一个系统；且只有当城市公园形成一个完整的系统时，才能做到自然、基础设施、健康休闲，以及风景等各种目标的有机结合。F. L. 奥姆斯特德整体化的概念促进了人们对于城市绿地系统的理解，并从此衍生了公园系统的规模化实践。

　　F. L. 奥姆斯特德以河流所划定的空间边界，将从波士顿公园到富兰克林公园延绵近十六公里的城市绿地连接成统一的公园系统，利用200 ～ 1500ft（60.96 ～ 457.2m）宽的绿地，形成条带状的绿色廊道，被波士顿人亲昵地称为"翡翠项链"（Emerald Necklace）。[27] 很多城市中已经消失的野生动物猫头鹰、白尾鹿、野火鸡、东部红狐、鸭子以及各种鸣禽等，都再次回到了这片土地。波士顿公园体系将交通基础设施、防洪和排水工程等如画景观的塑造以及城市规划完美地结合在一起，将人们对基础设施的需求和自然较好地结合起来，是最具代表性的早期生态基础设施规划案例之一（图 2-3）。[47]

在 F. L. 奥姆斯特德的影响下，城市绿色空间体系和城市规划融为一体的理念在很多实践中得到了应用。例如，1899 年景观设计师查尔斯·艾略特的侄子查尔斯·艾略特二世（Charles Eliot Ⅱ）提出的波士顿大都市公园体系的规划和 1928 年的马萨诸塞州开放空间规划（Open Space Plan for the Commonwealth of Massachusetts），为环绕在波士顿周边的 12 个城市和 24 个村镇制定了整体的公共绿地空间规划方案，以不同的形式保留和建造了近两万英亩（约合 8000hm²）的城市公共空间，形成了连贯、系统的城市绿色空间网络。[48]

3. 洛杉矶的愿景

比起 F. L. 奥姆斯特德和小奥姆斯特德在纽约和波士顿公园系统规划中所取得的成功，为有些城市制定的雄心勃勃的规划提案却仅仅被留在了图纸上。

1930 年，奥姆斯特德兄弟和哈兰·巴塞洛缪（Harland Bartholomew）经过 3 年的研究，为洛杉矶提出了用绿道保护城市水系和泄洪道的规划——洛杉矶河滨河公园、游戏场和河滩（图 2-4）。然而最终由于经济萧条等种种原因，奥姆斯特德兄弟和哈兰·巴塞洛缪规划中的城市开放空间格局的方案被搁置在了一旁，在城市中只留出了小面积的公园空地。洛杉矶在 2013 年采用了分散、多中心、

图 2-4 F. L. 奥姆斯特德规划的洛杉矶滨河公园
图片来源：(美) F.L. 奥姆斯特德. 美国城市的文明化 [M]. 王思思等译. 南京：译林出版社，2013.

大规模郊区化的蔓延式结构，当时的规划部主任还自豪地认为洛杉矶已经成功地避免了"美国东部大都市发展中所犯的错误"。[49] 今天的洛杉矶不仅缺乏城市所应具有的大面积绿色公共空间，而且最初所倡导的小城镇氛围也已经消失殆尽。[50]

F. L. 奥姆斯特德的规划没能被落实，对洛杉矶而言无疑是城市环境建设的一大遗憾。尽管如此，F. L. 奥姆斯特德的曼哈顿中央公园、波士顿公园体系和布鲁克林希望公园等大型城市公园项目，以及小奥姆斯特德的城市公园网络，都对 20 世纪的都市主义思想和风景园林发展产生了巨大影响。

2.3 | 生态主义思想的革新探索期 （1900 ～ 1960 年）

2.3.1 "田园城市"理念及理性反思

1. 明日的田园城市

欧洲生态主义思想的起源可以追溯到 18 世纪的英国风景园，那时的设计理念是"自然是最好的设计师"。[27] 1902 年埃比尼泽·霍华德提出了"田园城市"的规划思想，并出版了《明日的田园城市》一书。该书一经出版，便引起了极大的反响，在全球范围内引发了对于城市布局的探讨，田园城市运动也发展成为世界性的运动。依据田园城市思想，城市建设应该兼具城市和乡村的优点，并发挥各自的长处，进行布局，为其制定模块化的组织结构。其实质含义是生态化的城乡结合体（图 2-5）。[15] 霍华德认为，城市人口过度集中是城市膨胀的根源，而城市在规划中应有意识地控制整体人口数量，防止无限制的扩张和蔓延。

田园城市的本质即一种"城市—乡村"结合的城市形态，发挥二者优点的同时，又避开了各自的缺陷。在田园城市的思想中，每个田园城市单体占地为 6000 英亩（约合 2400hm²）。城市位于规划用地的核心区域，其面积控制在 1000 英亩左右（约合 400hm²）。农业用地围绕城市中心展开，包括农业生产用地、林地、果园、牧场等。作为保护绿带的农业用地不得改作他用，以防止城市的无限制蔓延。

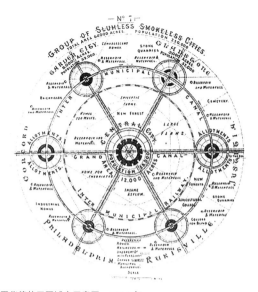

图 2-5　霍华德的田园城市示意图，1989 年
图片来源：（英）埃比尼泽·霍华德.明日的田园城市 [M]. 金经元译. 北京：商务印书馆，2010.

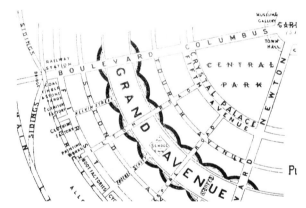

图 2-6　霍华德田园城市局部，1989 年
图片来源：（英）埃比尼泽·霍华德.明日的田园城市 [M]. 金经元译. 北京：商务印书馆，2010.

城市公园位于中央核心地带，6 条主干道路从中心向四周辐射延伸，并由道路划定出其他区域。城市外围分布各类建设用地，如工业用地、仓储用地、贸易市场等。在城市最外围设置环形道路和铁路，以形成便捷通达的交通网络。霍华德规定每个田园城市单体的人口约为 32000 人，其中大部分（30000 人）居住在城市中心，小部分（2000 人）居住在郊野。当人口数量超出这个限制，城市达到饱和时，则应另辟用地，建设新的城市（图 2-6）。

2. 霍华德思想的影响和理性反思

田园城市提出了对于 19 世纪末英国城市扩张问题的解决策略。在其影响下，英国于 1899 年建立了田园城市协会（Garden City Association），后改名为田园城市和城市规划协会（Garden Cities and Town Planning Association）[15]，并在英国进行了两次田园城市的建设实践，即莱奇沃思（Letchworth）和韦林（Welwyn）。除了英国以外，田园城市的思想在其他国家和地区也都产生了广泛的影响，奥地利、澳大利亚、比利时、法国、德国、荷兰、波兰、俄罗斯、西班牙和美国，都建设了田园城市或类似称呼的示范性城市。

尽管"田园城市"运动一度饮誉全球，提出了生态与城市结合的规划模式，但这个一百多年前的主张，在城市所面临的复杂问题面前还是幻想色彩太过浓厚，处理问题的方式也过于简单化和模式化，并不能有针对性地广泛应用。霍华德的田园城市模式旨在发展通过郊区来控制城市中心的规模增长，但前提是人们可以在郊区建立能够自给自足的卫星新城，从而减少与市中心的往来，减少市中心基础设施的压力。然而，现实中大城市所面临的问题多样且复杂，城市商业中心、服务业中心都有聚集性的特征。考虑到居民就业、商业发展等因素，单纯依靠建立卫星城，往往并不能起到将人们向郊区引导的愿景。尽管如此，霍华德的田园城市思想还是在生态与城市协调的观念上，为我们留下了一笔宝贵的精神财富。

2.3.2 "绿带"思想的早期实践

从田园城市运动开始，人们就逐渐开始关注生产需求与自然保护之间的平衡关系。绿带的实践最早始于英国，随后在全世界传播开来，在维也纳、首尔、班加罗尔和墨尔本等城市，都进行了相应的实践。

所谓的"绿带"即未开发的、环绕城市的可持续绿色空间廊道。"绿带"思想的基本原则有三点：城市和郊区需要被实体空间分离，自然边界可以在一定程度上抑制城市的无限制蔓延和增长，人类定居点最终应该与景观形成动态的平衡。绿带的位置划分了城市和城镇，将城市中心和郊区加以区分，以阻止土地所有者不分青红皂白地将所有土地转换为被城市建设所占用和开发的土地。[51]

随着工业革命的推进，英国由于城市基础设施建设的不完善，经历了严重的

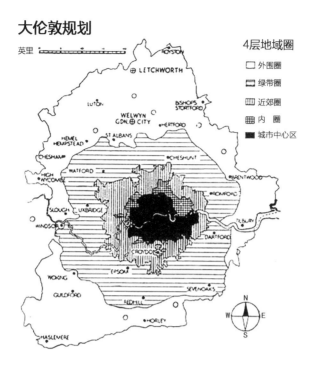

大伦敦规划

英里

4层地域圈

- □ 外围圈
- ▤ 绿带圈
- ▥ 近郊圈
- ▦ 内　圈
- ■ 城市中心区

图 2-7　帕特里克的大伦敦规划图，1944 年

图片来源：(英) 埃比尼泽·霍华德. 明日的田园城市 [M]. 金经元译.
北京：商务印书馆,2010.

水体污染和大气污染。19 世纪 90 年代，英国开始将目光投向了利用"绿带"来应对城市蔓延扩张带来的种种问题。20 世纪 30 年代，为了防止伦敦城市的无限制扩张，解决城市雾霾问题，英国政府颁布了"绿带政策"（Green Belt Policy）。[52]1944 年，英国景观设计师帕特里克·艾伯克隆比（Patrick Abercrombie）为大伦敦地区（Great London Region）提出了公园系统的整体规划方案，并与大伦敦外围的绿带和绿色空间联系起来，形成了一个绿色空间的网络。[53] 方案中绿带宽度为 3 ~ 4km，用地类型包括城市绿地、自然保护地、运动场、农业用地、墓地等生态和人工基础设施（图 2-7）。[54] 形态以环状，从伦敦市中心向城外扩散，限制了城市的大规模扩张。在大伦敦规划图中，也可以明显地看出受霍华德"社会城市"思想影响的痕迹。这种"城市—绿地—乡村"相结合的花园城市模式，在伦敦被沿用至今。伦敦也从重度污染的城市脱胎换骨，成为如今的花园城市。

2.3.3 环境主义运动的启示

在 20 世纪 60 年代以前，社会意识和公众的关注点都是"征服自然"和"改造自然"，人们的传统思维还停留在征服与控制自然上。"环境保护"一词很少能在书籍、杂志中找到。直到 20 世纪 60 年代，美国海洋生物学家蕾切尔·卡森第一次对这种思想的正确性提出了质疑。她的著作《寂静的春天》的出版标志着人类环保事业的开端，同

图 2-8　蕾切尔·卡森的著作《寂静的春天》
图片来源：（美）蕾切尔·卡森著，寂静的春天 [M]. 吕瑞兰，李长生译，上海：上海译文出版社，2014.

时也引发了激烈的探讨（图 2-8）。卡森在书中写道："控制自然是一种狂妄自大的说法，是一种脱胎于穴居时期的生物学和哲学观念；那时候人们认为自然是因人类而存在。"[55]

卡森的提法虽然有些激进，但激发了人类保护环境的公众意识，使人们接受了工业发展需与环境保护相协调的思想。自此，环境保护运动开始在美国展开，联邦政府也开始参与土地和开放空间的保护行动。1964 年，美国国会通过了《荒野法案》（*The Wilderness Act of 1964*），旨在保护自然荒野地资源，应对城市扩张和城市的机械化增长。20 世纪 60~70 年代又陆续出台了《国家环境政策法案》（*the National Environmental Policy Act of 1969*，NEPA）、《洁净空气法案》（1970）、《水污染控制法案》（1972）和《濒危物种法》（*Endangered Species Act*）（1973）。[20]

辩证来看，环境保护运动最初的思想并不完全客观，也没有为城市环境问题提出辩证的解决方法；但这一运动对将环境保护提升到公众意识和法律法规层面起到了积极的推动作用。在其引导下，人们开始不断地关注可持续发展规划和土地利用规划中的整体性问题。

2.4 | 生态主义思想的理念提升期 (1970 ~ 1990 年)

2.4.1 设计结合自然

　　生态规划思想正式被提出是在 1971 年麦克哈格撰写的《设计结合自然》一书中。这本书对西方国家近一个世纪以来由于工业发展、城市扩张而造成的诸多环境问题给出了解决答案，分析了人与自然的关系，在 20 世纪的生态学发展中可以被称为里程碑式的著作。书中许多有关环境规划的思想和方法，在今天仍有宝贵的借鉴价值。

　　书中以生态学的观点，描述了自然演进的过程，提出了人类要在尊重自然规律的基础上，适应自然的特征，来创造生存环境，创造人与自然共享的生态系统。从东、西方文学，历史，美学等诸多角度，阐述了城市和景观产生形态差异的原因。书中首次提出"生态规划"（Ecological Planning）的概念，提出了基于生态保护的竖向叠加的分析方法；这种叠加技术，即"千层饼"模式（图 2-9），被用于研究土地的适应性，并指导土地利用。

　　"千层饼"模式的研究范畴集中于大尺度的景观与环境规划上，以景观垂直生态过程的连续性为依据，发展出一套适用于生态保护的土地开发方式：最顶层为人类居住环境，即城市中的绝大部分基础设施；其次是生物栖息地；最底层便是我们赖以生存的自然环境。麦克

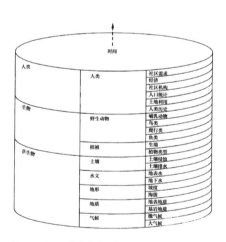

图 2-9 "千层饼"模式示意图
图片来源：(美) 伊恩·伦诺克斯·麦克哈格. 设计结合自然 [M]. 芮经纬译. 天津：天津大学出版社，2006.

哈格的生态规划理念拓展了一直以来"景观"在普遍认知中的范围，提出景观除了是一个美学系统以外，还是一个生态系统。赋予了"景观"一词更多的生态伦理学含义，使得景观设计师的关注重点从人与人的社会联系更多地转向了自然与生态之间的联系。

但麦克哈格的生态思想主要是在自然生态领域进行探讨，没有从更深层次提出人类与自然、生态与生活相协调的解决途径。"设计结合自然"的思想在本质上强调人类发展与自然的对立，这一点在其后发展出来的景观都市主义理念中也遭到了批判和质疑。

2.4.2 "生态网络"与绿道

在欧洲一体化的背景下，"网络"这一概念在社会学和生态学领域中的重要性不断提升。20 世纪 90 年代初，由于欧洲工业化进程的推进导致了土地重组、自然栖息地的丧失和物种多样性的下降，生态网络这一概念被提出并得以发展。生态网络是在以生物地理学、生物生态学、景观生态学和集合种群理论等作为理论支持的前提下被提出来的。生态网络的理念认为景观的连通性非常重要；因此，各种自然资源的保护者和保护当局回应，保护策略已从保护现有的越来越孤立的自然的"岛屿"，向保护和修护相互关联的自然区域转变。[56]

20 世纪初期，在东西欧的大都市，受"绿带"思想的影响，将城市、自然区域和森林区域相互联系起来的生态网络，最初在伦敦和莫斯科发展起来。随后，一些城市也开始了生态网络的实践，如柏林、布拉格和布达佩斯。哥本哈根于 1936 年推出了一个绿色路径的网络计划。此类生态路径的网络计划主要用来满足人们在拥挤的、用地类型破碎的城市中的娱乐需求。这样的实践虽然最初的目的是基于城市休闲空间，但他们丰富了生态路径的概念，并为后来的生态网络和绿道的发展作好了理论铺垫。

无论是欧洲还是美国，生态基础设施的最初实践都始于绿道。发展到今天，生态网络已经成为多样化的概念和规划。其主要作用是维持陆地系统的生态稳定，或在不同的地理和行政层面的线性栖息地之间，形成连接生境岛屿的网络。在欧洲，生态网络主要为泛欧洲的生物和景观多样性策略服务——通过创建和有效管理泛欧洲的生态网络，增强和恢复关键生态系统、物种和栖息地的特征景观。

2.5 | 生态基础设施规划的兴盛阶段（1990~2015 年）

2.5.1 生态基础设施作为战略保护工具的兴起

1. 政治转型与生态发展的契合

1984 年联合国教科文组织在"人与生物圈计划"（MAB）的研究中提出了生态基础设施的概念，随后生态基础设施的概念在生物保护领域得到应用——用此概念标识栖息地网络的设计。到了 20 世纪 90 年代，随着可持续的议题变成世界各国城市发展的新目标，人们寻找可持续和土地利用综合性机制的兴趣与日俱增。保护主义和城市规划者都意识到了一个问题：建立孤立的自然保护区或城市绿地，并不足以达到整个城市生态体系的保护，保护生物多样性和生态过程应该被放到区域和城市的更大背景之中。

在欧洲，生态基础设施也与政治的根本性转型有着密切的联系。在整个西欧，随着后工业时代的到来，生态规划的议题已经成为主流。不仅民意如此，政府也出台了一系列强有力的生态基础设施项目和环境保护政策。自 1992 年起，《21 世纪议程》（*Agenda 21*）就成为欧洲委员会（Council of Europe）环境政策的一部分，也被认为是其可持续发展路线的基本内容。这部文件是在 1992 年《里约热内卢环境与发展宣言》的基础上形成的，被认为是"可持续发展的圣经"。许多曾经处于政治舞台边缘的活动家重新出现在了环保的领域里，并成为从事高级政治活动的政策制定者。[47]

20 世纪 90 年代，欧盟出资建立了评选可持续城市和小镇的非营利组织，迄今为止，该组织已经发展成了一个公众追求可持续发展目标的重要网络。在城市追求可持续发展的过程中，欧洲人也采用了相似的方式去引导、激励生态网络的规划建设，并提供积极的支持。在欧盟委员会（European Commission）的引导下，有诸多建设生态城市的激励项目，例如"欧洲绿色之都"（Green Capital of Europe）的评选，就是为了鼓励城市在解决环境问题方面的努力和创新。此类激励政策为欧洲城市的可持续发展提供政策上的引导。[45]

2.整体规划方法的出现

第一项基于整体规划方法的生态基础设施项目出现在 1990 年美国的马里兰州绿道规划项目中，规划中首次利用 GIS 叠加方法，生成了州域范围内的生态分析和绿色基础设施地图。[57] 1994 年，美国佛罗里达州绿道委员会（Florida Greenways and Trails Commission）强调绿色基础设施作为一种战略思想能够更有效、可持续地指导土地利用，同时带动经济发展，并将"绿色基础设施体系建设"作为可持续发展的一种关键战略和自然生命支持系统（图 2-10）。[5] 此后，越来越多的城市和社区相继开展了生态基础设施规划、设计和实施的行动。在 20 世纪 90 年代，生态基础设施所关注的焦点是保护自然资源。在城市大规模建设前，先分析土地的生态价值，划定区域和城市内生态价值较高的区域，并在政策制定上予以保留，从而以实现最适宜的土地利用方式。

1999 年佛罗里达大学景观学院、城市与区域规划学院和野生动物生态与保护部联合制定了更为详尽的整体绿道规划和分析规则。1999 年 5 月，美国总统可持续发展委员会（The President's Council on Sustainable Development）在《可持续发展的美国：争取 21 世纪繁荣、机遇和健康环境的共识》的报告中指出：发展生态基础设施规划是指导国家和区域可持续发展的重要战略之一[58]，生态基础设施应成为可持续土地利用与开发模式的指导原则。自此，越来越多的政府、城市与土地利用部门成立了相应的委员会或工作组，开展了生态基础设施的整体规划。如 2006 年的马里兰州绿色基础设施评估项目（Maryland's Green

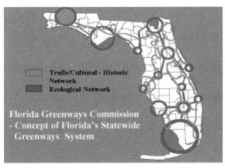
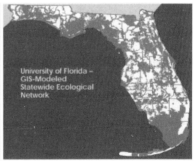

图 2-10　佛罗里达州域范围内的生态结构分析
图片来源：美国佛罗里达州绿道委员会

Infrastructure Assessment）和 2008 年弗吉尼亚州的自然景观评估项目（Virginia Natural Landscape Assessment， VaNLA）等。除了欧洲和美国，其他一些西方国家也展开了利用生态基础设施整体规划城市环境的相关实践。如 2001 年的加拿大绿色基础设施实施导则[59]，主要侧重于绿色基础设施的工程应用和实施办法。

除了政府机构的政策引导，大量研究成果也在为生态基础设施规划的整体方法提供理论支撑。景观设计师、哈佛大学景观生态学教授理查德·T. T. 福尔曼在景观生态学的基础上提出："在土地决策和实践的过程中，我们不能孤立地脱离环境发展背景，去评价任何一个空间区域。对于区域的研究，应该被置于一个更大的空间和时间背景下。"[18]佛罗里达大学的生态学家拉里·哈里斯（Larry D. Harris）提出了区域保护系统的概念，并提出"建立区域保护体系"，即利用核心保护区、缓冲区和廊道来划分生物多样性的网络，以此来应对栖息地破碎化的现状。区域保护系统的提出，为生态基础设施整体规划方法在大尺度区域范围内的应用提供了生态学的理论支撑。

2.5.2 生态基础设施作为振兴城市的策略

1. 后工业时代的城市收缩

"随着 21 世纪的到来，许多西方国家从长达一个世纪的人口增长阶段转入长期的人口减少阶段。这一现象并不是由战争、传染病或者饥荒等负面原因导致的，而是发生在空前繁盛的和平时代。"

——德国经济学家赫尔维格·比尔格（Herwig Birg）

生态基础设施在一些城市中除了作为自然区域内的整体保护策略，在西方国家，更多的应用则在于振兴收缩中的城市。21 世纪初，全球人口的半数以上——近三十亿人，生活在城市地区；而这个数字还在继续攀升，每年有超过六千万人涌入城市。根据联合国的预测，2015~2025 年，世界城市的人口数量还会再翻一番，达到六十亿左右，似乎城市不可遏制的增长才是人们一直以来关注的话题。然而，并不是所有城市都合乎这个发展趋势；相反，一些西方国家已经超越了人口增长的阶段，而进入人口持续减少的收缩阶段。[60, 61]

20 世纪初，在大规模工业化发展持续了一百多年后，随着城市产业的转型，在后工业时代，工业化的浪潮开始逐渐退却，而曾经工业化程度较高的城市也因此开始收缩。随着小汽车的普及和城市交通基础设施的大规模建设，城市逐渐出现了郊区化的倾向：即居民居住呈现郊区化态势，城市的中心开始萎缩。到了 20世纪 70 年代，美国的交通呈现以私家车为主的局面，随之产生的土地利用模式直接导致了大城市中"逆城市化"现象的发生。[62] 传统以城市中心为"核心"的发展模式开始逐渐改变，城市向郊区蔓延。城市中心的居住用地比例大幅度缩小，而郊区的居住密度开始逐渐上升。

这种"逆城市化"的现象导致了城市中心的落寞和郊区的扩张，土地呈现破碎化和分裂的趋势，政府的管理区域也更加零散。[63] 城市居民宁愿选择居住在偏远的郊外，每天在上下班的路上花费大量时间，也不愿意住在城市的中心。造成这一现象的根本原因有两个：一方面是因为城市中心区的环境恶化，市中心充斥着毒品、色情和暴力，这让中产阶级开始避而远之；另一方面，郊区有着更洁净的空气和舒适的环境，而且随着汽车的普及和交通基础设施的发展，使得住在郊区成为中产阶级家庭的首选。[64]

以伦敦为例，作为 20 世纪世界上规模最大的城市之一，伦敦在 20 世纪末开始了人口的持续衰减。1939 ~ 1991 年，大伦敦地区的整体人口下降了 22%。随后欧洲的各大工业城市也开始呈收缩趋势，包括巴黎、柏林、曼彻斯特、利物浦、德累斯顿、马格德堡等。[62] 欧洲原本是现代城市迅速发展的带头力量，却最先出现了城市收缩的发展趋势，并逐渐波及全球。

二战后美国城市开始出现收缩的趋势，没过多久，其城市收缩的程度就超过了欧洲的诸多工业国家。到 20 世纪 70 年代，意大利和日本等国家的城市也开始了不同程度的收缩。在发展中国家还在棘手于城市化带来的问题时，芝加哥、费城、底特律、华盛顿等城市却开始了大幅度的城市收缩，而几十年前这些城市还在高速增长。以城市收缩最极端的底特律为例，底特律曾是一座辉煌的工业大城。随着汽车产业的衰败，开始出现了郊区化的趋势，时至今日，这座城市已经完全萎缩，成为一座空城，失去了当初的活力。

2. 生态建设的修复途径

城市的收缩使得城市中心出现了一定程度的空洞，城市边缘的范畴也有了一定程度的改变。以中产阶级为主的大量人群开始向郊区迁移，以便拥有更多的土

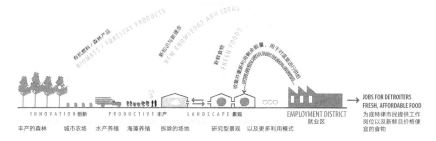

图 2-11　Stoss 景观都市主义事务所为底特律城市复兴所做的生态基础设施规划

图片来源：（美）克里斯·里德. 基于景观基础设施的城市建设 [J]. 景观设计学，2013（3）：61-63.

地、享受更好的生态环境。为了改善城市的整体面貌，平衡城市发展与收缩的关系，以英国为首的诸多欧洲和北美国家开始寻求振兴城市发展、改善城市的居住和生存环境，提高城市的宜居性和可持续性的有效方法，以最大限度地控制城市的大幅收缩。而生态基础设施作为更加生态、绿色、可持续的途径，在近年来受到较多的关注。

　　在过去的几十年中，欧洲在可持续城市发展的领域一直走在前沿，尤其是欧洲北部和西北部。1984 年，苏联生态学家 O. Yanitsy 提出了生态城市（Eco-City）的概念，认为只有人类技术与自然环境相互协调，居民的身心健康和环境质量得到最大程度的保护，城市的生产力和工作效率才能大幅度地提升，最终达到物质、能量、信息高效利用的生态良性循环。

　　以上文提到的底特律为例，为了应对工业衰退、人口减少，以及城市收缩所导致的大面积城市空地闲置等问题，底特律发起了一项在未来 50 年内重建底特律的合作项目。Stoss 景观都市主义事务所为该项目提出了一个以景观作为城市多功能基础设施的规划框架，对于城市形式及其传统规划模式进行了理性反思，利用高生态基础设施与栖息地、食物、能源以及文化娱乐场所的结合，将底特律改造成了一座丰产的绿色都市，从而实现了城市经济与自然环境的双重可持续发展（图 2-11）。[4]

2.5.3 景观都市主义的思潮

1. 生态意识的觉醒

　　21 世纪初期，随着环境保护主义的兴起和全球生态意识的觉醒，"景观"一词又一次成为城市规划领域的高频率词汇。而在这之前，景观、建筑与规划基本呈现分离的态势，建筑师的方案里很少涉及对于景观环境的关注。在一些领先的高校景观院系的带领下，设计师审视城市化的视角，从传统的城市化视角转向景观的视角（the scope of landscape）。而景观设计师也开始摆脱其传统的职业范畴，将景观设计拓展至都市的功能和基础设施领域。出现了市政基础设施和景观设计的融合，即"生态化"的人工基础设施。由此，建筑、景观、城市设计和规划等领域在实践中开始融合，出现了大量混合型的实践活动，而这种实践类型则被称为景观都市主义。

2. 景观都市主义的提出和发展

同生态基础设施一样，景观都市主义是一个较新的概念，但其思想内涵却早已有之。最典型的代表莫过于 F.L. 奥姆斯特德设计的纽约中央公园。大面积城市绿地的引入，使得曼哈顿冷冰冰的城市肌理变得更加柔和；同时，这片宝贵的绿洲也带动了中央公园周边的房地产开发。这种生态景观的催化作用是景观都市主义模式（Landscape Urbanism Model）的典型代表。

20 世纪 90 年代，曾任美国宾夕法尼亚大学景观系主任的詹姆斯·科纳开始审视城市基础设施与景观的关系，提出"作为都市主义的景观"（Landscape as Urbanism）的概念。随后，哈佛大学景观设计学院景观设计系主任查尔斯·瓦尔德海姆正式提出景观都市主义这一概念，指出："景观都市主义是当今城市化进程中重新整合现有秩序的途径，在这个过程中，景观取代建筑成为城市建设的最基本要素。"[19] 接下来，哈佛大学设计研究生院院长莫森·莫斯塔法维及英国建筑联盟学院的大量研究掀起了全球范围内的景观都市主义研究热潮。[26]

同以往建筑和规划占据主导的思想不同，景观都市主义的核心思想是以生态策略作为解决问题的切入点，从景观的角度来解决城市问题。倡导景观取代建筑，成为决定城市形态的最基本构成要素。[19] 景观都市主义思想探讨了一种协调建筑与景观、场地与对象、功能与艺术之间分歧的策略。[65] 景观都市主义起源于西方国家对后工业社会所遗留的城市问题的批判和思考，强调景观在组织城市空间发展过程中的重要性[64]，重新定位了生态和景观在城市规划中的重要地位（图 2-12）。

詹姆斯·科纳对盛行的"可持续规划"理念提出了理性反思和质疑。认为单纯以特定区域内的新陈代谢机制和自然本身，无法应对城市中复杂的问题。景观都市主义的目标是在全面考虑城市区域内所有力量和因素的情况下，发展出一种

图 2-12　景观都市主义的理论著作

图片来源：www.google.com

时空生态学（a space-time ecology），把生态平衡与城市生活的相互关系当作一个连续的网络来对待。[10]

3. 景观都市主义和生态基础设施

20 世纪以后，随着建设效率的提高，城市基础设施变得日益标准化，但在建设过程中对于美学、社会学及生态学的考虑却越来越少。景观设计师凯西·普尔（Kathy Poole）曾经指出，在经历了规模化发展的工业时代，效率已经成为一项政治原则，标准化的模式也成为"民主化"的表达形式。[66]

景观都市主义的重要内容之一，就是把城市中的基础设施作为一种公共景观的形态和载体来看待。在上述研究的基础上，众多学者和设计师纷纷从不同角度阐释和支持景观都市主义的思想，其研究重点之一就是生态景观和城市基础设施的结合。这种对基础设施空间的再认识是具有价值的，因为各类空间都是以其特定的存在来满足人类的居住需求，而城市基础设施中蕴藏的生态潜力需要被人挖掘和唤醒。因此，设计师开始重新审视单一功能的城市基础设施——城市道路及停车场设施、高架道路下的消极空间、城市河道的功能形态及废弃景观等。对此，景观都市主义开始了将生态景观与城市基础设施在功能上加以结合的实践探索，也就是微观层面的生态基础设施研究（图 2-13）。

图 2-13　景观都市主义在城市基础设施领域的实践——高线公园

图片来源：James Corner Field Operations

　　如今欧洲和北美的城市建设中，景观已变成了城市复兴的主要途径和重要媒介。通过景观规划的途径，改善高度城市化给城市带来的生态环境问题，让城市的价值和希望重新被展现，促进城市经济和生态环境的双重可持续发展。

2.6 ｜ 小结

　　生态基础设施作为一个较新的概念，其思想却早已有之。从概念产生之初到发展成为一个知识领域，有大量的理论研究和实践探索为其奠定了基础。本章梳理了从 19 世纪中期至 2015 年城市生态规划和生态基础设施诞生的理论背景，将这 160 余年中的理论和实践加以分类和研究，并总结如下：

　　19 世纪中期，专家、学者开始关注人类开发对于土地的破坏性影响，并对其进行反思，呼吁自然保护的重要性。这个时期的代表人物有乔治·珀金斯·马什、亨利·戴维·梭罗等。此阶段是生态思想的萌芽时期，相关学者第一次对传统的城市开发建设模式提出了质疑，并提出林地管理与保护的概念。虽然此时没有具体的方法和措施，但其思想的转变为生态理念的提出奠定了基石。

　　在实践方面，19 世纪中期到 20 世纪末，景观设计和城市规划领域的代表人物有 F.L.奥姆斯特德和查尔斯·艾略特等。F.L.奥姆斯特德作为"美国景观之父"，规划了纽约中央公园，提出了"公园系统"的概念，强调其重要性，并规划了波士顿公园体系等项目。

20世纪早期，霍华德提出"田园城市"思想，认为在城市发展中应有意识地通过控制人口和形态，来防止城市的无序蔓延和扩张。并提出了城市与乡村相结合的田园城市模型。田园城市理念是城市规划思想的一次变革，对于城市的无序扩张进行反思并给出了解决途径。但从理性反思的角度来看，田园城市模式的幻想色彩过于浓厚，处理方式也过于简单化和模式化，并不能彻底解决今天城市发展中遇到的复杂问题。20世纪60年代的美国，以《寂静的春天》一书的出版为起点，公众开始有了对于环保的普遍意识，并通过环境保护运动，将公众的注意力转向可持续发展及土地利用的整体规划。

在实践方面，随着田园城市运动的兴起，英国开始尝试以"绿带"的方式控制城市的蔓延扩张，并颁布了多部与之相关的政策，对其进行倡导与支持。20世纪40年代，伦敦开始了城市绿带的相关规划和建设，以帕特里克的大伦敦规划为代表。伦敦的绿带建设取得了良好的成效，在很大程度上缓解了城市所遭受的重工业污染，为2019年伦敦成为全球首个国家公园城市作出了贡献。

20世纪70年代，生态保护在思想和理论上都有了质的飞跃，进入了理念提升期。1971年麦克哈格出版了《设计结合自然》一书，首次提出"生态规划"的概念，提出人类的开发要建立在尊重自然的基础上。详细介绍了生态学原理在大尺度规划中的具体应用，对城市、乡村、海洋、陆地、植被、气候等问题，均以生态学原理加以研究，并指出正确利用的途径。在生态与规划相结合的方法探究中作出了重要贡献。同时，随着欧洲工业化进程的推进，"生态网络"的概念被提出，作为生物栖息地保护的指导策略。

在实践方面，欧洲、美国开始了对于绿道建设的探索，并通过绿道的建设恢复生态系统、物种和栖息地的特色景观。

20世纪90年代，生态基础设施的概念被联合国教科文组织正式提出，最初被应用于欧洲的生物多样性保护领域。随后，美国提出绿色基础设施的概念，作为城市可持续发展的指导原则，以应对后工业时代城市的扩张和收缩等问题。在此背景下，产生了景观都市主义的思想，并在随后的实践中进行了大量景观与城市基础设施相结合的探索。

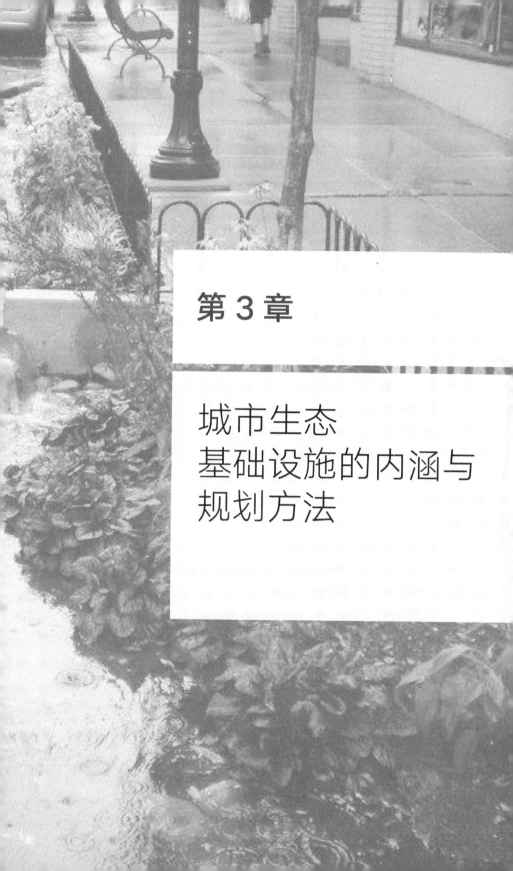

第 3 章

城市生态
基础设施的内涵与
规划方法

3.1 | 城市生态
基础设施的内涵

　　生态基础设施的定义通常可分为两层含义：一是自然区域和其他开放空间相互连接的生态网络系统[20]，二是生态化的人工基础设施。前者侧重于土地保护和自然资源保护，后者侧重于土地开发与人工基础设施的结合。前者多被应用于国土和城市总体规划的层面，对生态环境的重要性进行识别和排序，最终寻求最优化的土地开发和保护计划；后者多被应用于区域的和局部的设计层面，对基础设施进行生态化，使其对环境的影响降到最低。

　　根据生态基础设施的应用范围，可将其分为自然区域内、半自然区域内和城市区域内三种类别。其中，自然区域内是指未经人类开发或人类活动对其影响极少的乡村、郊野和自然保护地，此类生态基础设施的规划往往以保护为主；半自然区域内是指人类活动对其有所影响，但区域内仍有部分维持自然原貌的地带，如城市郊区、乡镇等；城市区域内往往是指以人类的建设活动为主导，自然属性和面貌较少的区域，如密集都市等，此类生态基础设施以生态化的人工基础设施为主（表3-1）。

不同应用范围的生态基础设施的类别及形式　　　　　　　表 3-1

范　围	类　别	形　式
自然区域内	极少受人类活动影响的乡村、郊野、自然保护地等	1. 自然保护区； 2. 健康的生态网络区域，生态价值高的区域，如泛滥平原、湿地、沿海区域、自然森林等； 3. 自然景观特征，如城市水资源、生态廊道等
半自然区域内	人类活动对其有所影响，但仍有一部分维持自然原貌，如城市郊区等	1. 为保护特定物种创建的生境斑块； 2. 人为设计的仿生态区域，如为保护动物迁徙而设计的生态管道、生态通道等； 3. 多功能的绿色空间，如农业用地、林地、郊野公园等

范　围	类　别	形　式
城市区域内	人类的建设活动已经完全改变自然原有面貌的区域，如密集都市等	1. 城市内为改善整体生态环境而做的景观； 2. 连接城市和郊野的绿色空间，如公园、绿道等； 3. 生态化的人工基础设施，如绿色屋顶、城市绿色水岸等

从生态基础设施的特质来看，其内涵可以概括为：连通性、多功能性、弹性、栖息地属性、独特性和投资回报性等特征。[67]本节将分别就以上内涵进行具体阐述。

3.1.1 连通性

"连通就是城市的凝聚力，以组织城市中的各种活动，进而创造城市的空间形态。城市设计中的核心问题就是在孤立的事物之间建立可以理解的联系，也就是通过连接城市各个部分，来创造一个城市综合体。"[68]

——槙文彦

连通性是生态基础设施与绿色空间个体之间的根本区别，也是形成生态网络体系的必要条件。例如，在其他因素相同的前提下，一个天然的、由原始植被长廊串连的自然保护区（河流或溪水），要比被城市环绕的一个孤立的自然保护区更有价值，因为它能满足野生动物在不同栖息地间迁徙的需求。同样，通过一个由跨区域的远足或骑车路径与其他公园相连的公园，一定会比被围于居民区中间的公园服务更多人。从保护生物学的观点来看，连通性是自然系统得以正常运作的关键。将公园、保护地、滨水区、湿地和其他绿色空间等生态系统组分相连接的做法，对于维持野生动植物的多样性、维护自然系统的价值和服务功能是至关重要。

在生态学和规划设计的领域，连通性通常表现在各个生态元素的连接上。在景观生态学中，斑块—廊道—基质模型（Patch-Corridor-Matrix Model）是构成景观空间结构的基本模式，也是描述景观空间异质性的基本模式。这一模式普遍适用于各类景观，包括荒漠、森林、农田、草原、郊区和建成区景观。为比较和判别景观结构、分析结构与功能的关系，以及改变景观，提供了一种通俗、简明且具有可操作性的语言。

斑块（Patch）在生态网络中也被称为"中心"或"节点"（Hub or Node），作为离散景观区域，以区别于它周围的区域（公园或自然保护区）。廊道（Corridor）是一个连接天然栖息地区域的线性元素，如沿河流或溪水的湿地栖息地，或连接城镇之间的线性绿道等。边缘（Edge）是不同景观元素（如斑块和廊道）之间的过渡区域。基质（Matrix）是指镶嵌在整个景观结构或布局里的大面积片区，是景观中面积最大、连接性最好的景观要素类型。而其中，生态基础设施网络设计所一贯关注的就是廊道的连通性。一个良好的生态网络可以被定义为："在所有景观体系中，研究原始景观的结构、功能和变化，以及对设计、管理自然区域和人类活动区域的成果的应用"（图3-1）。

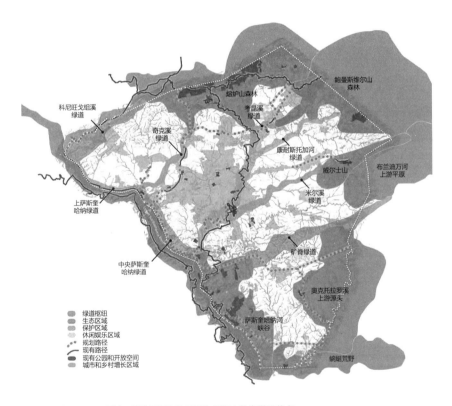

图 3-1　宾夕法尼亚州兰开斯特县绿色基础设施规划中的廊道和节点

图片来源：ROUSE D, FAICP,OSSA I B. Green Infrastructure: A Landscape Approach[M]．Chicago: APA Planning Advisory Service Reports，2013．

为了创造一个完善的生态基础设施网络，规划者和设计者应该在城镇、郊区和原始景观之间，还有整个体系的连接点、住区、城市以及不同领域之间，建立实际且具有功能性的连接。例如，沿着主要水源未开垦的走廊能连通农村、郊区和城市区域，并能带来各种利益，如野生动物栖息，休闲娱乐功能，水资源储存和环境质量的改善。走廊的形式各种各样，可以是连通原始湿地林区和农村的廊道，可以是更积极的城郊景观植物管理，或是集中设计处理的城市活动走廊和聚集空间。

3.1.2 多功能性

生态基础设施的多功能性主要表现在环境、经济和社会效益三方面。而我们所谓的生态系统服务，它带来的利益也是来自多样化的、相互交叉的功能系统——水文、运输、能源、生态等，这些都是生态基础设施所涉及的范围。生态基础设施的多功能性促使规划者和设计者最大化他们所服务的社区的价值，他们通过利用生态基础设施形成的"绿色综合体"，来解决城市中的多种问题，例如控制洪水、减少对不可再生能源的依赖，以及改善公共健康等（图3-2、图3-3）。

图 3-3　华盛顿市宪法广场中多功能的生态基础设施
图片来源：作者自摄

图 3-2　宾夕法尼亚州立大学内多功能的雨水基础设施
图片来源：作者自摄

3.1.3 弹性

在生态学和规划学中，弹性可以被定义为土地灾害中恢复或者适应变化的能力。弹性这个概念强调的是当自然或城市生态系统在骤变或不稳定的时期（如气候变化、气象灾害、污染等），能够通过自身的循环能力抵御灾害或从灾害中恢复的能力，其具体表现有：

（1）树木和屋顶绿化能缓解城市的热岛效应，减少建筑物的降温需求。

（2）通过构建生态基础设施，维护沿海、河岸湿地和泛滥平原的生态格局，可以减小风暴灾害和在灰色基础设施上的投资，同时提高自然容纳洪水的能力。

（3）植被、屋顶绿化、可渗透铺装、雨水花园以及其他可持续生态雨水基础设施，可以降低城市中的雨水径流，减轻城市雨洪管道的压力，降低污水流入自然水系的可能性，从而改善整体的水资源状况。

生态基础设施的弹性可以让受到干扰的生态格局在短时间内得以恢复（如降低灾难损失、加快灾后重建、增强气候变化的适应能力等）。研究结果表明，建设生态基础设施可以显著地减少暴雨所造成的水土流失，减缓温室效应和气体排放引起的气温升高等常见的城市化问题。

3.1.4 栖息地属性

据美国的《濒危物种法》统计，如今地球上有95%的动物正面临着由人类建设所导致的栖息地丧失及栖息地环境破坏。[69]如果现有的趋势继续发展，我们将会面临一个物种消失的困境，将地球的生态环境推向危险的边缘。生物多样性是维持人类生存的深层原因，正是多样的生态系统为人类提供了食品、药品和各类物资。目前，由于人们土地建设的无限制扩张，大面积的自然区域退化或消失，钢筋混凝土的城市中再无其他动物的身影可寻。在美国高速公路的路边时常能看到松鼠、野兔，甚至羚羊和鹿的尸体，由于公路的建设切断了动物迁徙和觅食的路线，导致每年至少有100万动物死在美国的高速公路上。这不仅对动物来说是残忍的，对人类来说也是极大的交通安全隐患。

生态基础设施作为可见空间，可以为人类、动物和植物提供户外活动和生存的环境。很多生态基础设施规划的出发点就是改善人类健康，而生态基础设施也确实能够起到减缓灰色基础设施压力、洁净空气、净化水源、提供健康的活动场所等作用。成功的生态基础设施规划不仅可以提升水和空气的质量，使生态环境得到提升，还能增加室外娱乐、公共锻炼等场所。

3.1.5 独特性

地域特征是特定区域地面上的自然和文化印记，包括土地上天然的自然景观，也包括人类对自然进行改造而形成的大地景观。[70] 地域特征是场地最为重要的内涵，也是生态基础设施规划与设计的重要依据和形式来源。规划者经常使用"社区特质"（Community Character）这个词来表达一个地方具有让人有居住和旅行欲望的价值、独特性和可识别性。景观设计师场地设计灵感的最常见来源就在于所设计场地的独特个性和特质，从场地特征中提取灵感并进行设计，这样的设计作品才是基于场地的、独一无二的、不可复制的。在生态基础设施规划中也是一样，每个场地的水文现状、土壤特征、生态体系、景观分布都是不同的；因此，最终得出的规划设计结果也应该是有针对性和独特性的。例如，绿色植物可以进行碳吸收、庇荫、保存自然能源，这些都是可以量化的要素。但在一个生态基础设施规划中，不同的地域应该种植什么样的植物，就要考虑到地域内的地形、植被、气候、土壤等理性要素，以及文化、美学、场地历史等感性要素，这也就注定了生态基础设施规划设计的唯一性。

3.1.6 投资回报

投资回报是指通过投资而应获得的价值，即投资者从一项投资活动中得到的回报。在人们的传统意识中，灰色基础设施的投资回报是直观的、立竿见影的。但实际表明生态基础设施有着更多样化、可持续性的投资回报。而明确其投资回报的特征，在生态基础设施的顺利实施中能产生较大的推进作用。

在很多情况下，投资者往往需要比较生态基础设施的花费、其所能带来的价值，以及能够给政府、机构和市民带来的财政收入。生态基础设施所能产生的价值是包括增加土地价值、促进发展、降低能源消耗、减少灰色基础设施投入在内的资金价值。规划者和使用者应该分析投入产出，以提出恰当的生态基础设施提案。提案应能达成生态基础设施的目标，如减少能源使用、收入增加等；还应设置指标来评估这些目标在提案实施过程中的完成情况。

以美国费城为例，为了改善城市合流排水系统在雨季造成的洪涝和水污染状况，2009年，美国费城水利局（Philadelphia Water Department）通过对"绿色城市，清洁水体"（Green City, Clean Waters）计划所规划的三重底线的分析，计划用25年时间，在城市生态雨水基础设施建设方面（绿色街道、绿色屋顶、可渗透铺装等）投资25亿美元。项目投资的收益表现在城市环境改善、提供就业服务、节省排水管网的施工费用、缓解城市热岛效应等方面。例如，环保职位可以解决250人的就业，产生100万美金或更多娱乐价值，节省600万美金的电能消耗，每年节省80亿个英制热量单位的燃料，并有效缓解城市中心的热岛效应。

另一个案例是美国宾夕法尼亚州东南部的自然保护区域。根据费城经济联盟（Economy League of Greater Philadelphia）2010年的调查，美国宾夕法尼亚州东南部被保护的开放空间能增加163亿美金的不动产价值，每年产生2.4亿美金的当地税收来源，带来6900个工作机会和2.99亿年度收入。除此之外，还能节省与健康相关的开销，每年在被保护的开放空间避免了工人生产活动中13亿美金的赔偿和生产损失（表3-2）。

生态基础设施（EI）的内涵及应用　　　　　　表3-2

规划层面及内容		多功能性	连通性	栖息地属性	弹性	独特性	投资回报
区域	区域增长/远景规划	宣传EI对地区目标的贡献（例如交通、经济发展，水源管理）	在法律层面，将EI融入土地使用和发展规划之中	宣传EI对生活质量的吸引力和重要性	使用EI开发一套策略，以缓和、适应气候变化	加强认同感（把离散的自然和人文资源融入EI系统中）	利用EI强化经济（吸引商业投资、招揽人才、促进农业和旅游业的发展）
	功能性规划	宣传EI及其价值[例如在长期大都市交通规划中（MPO）]	发展EI规划（网络地图、政策、实施战略）	使用EI提高水和大气质量	利用EI增加系统弹性	强强对EI的理解，增加接触途径	计算EI的经济利益

规划层面及内容		多功能性	连通性	栖息地属性	弹性	独特性	投资回报
政府	总体规划	通过系统方法，建立综合的 EI 规划（如交通、土地利用）	在相关法规中加入绿色道路规划连接元素	宣传 EI 在提高公共健康中的作用（灵活性、娱乐性，以及水和大气的质量提升等）	通过 EI 建立增加暴雨灾害和洪水灾害承受能力的政策和战略	利用 EI，结合自然和人造环境，以增强社区特质和辨识度	在规划实施和监管过程中，包含提示货币回报的指标
	功能规划	考量本地其他政府计划中 EI 的优势（交通、经济发展、公园、娱乐等）	开发一个深度 EI 策略规划，以发展相互关联的 EI 网络	保护并重建野生动物栖息地，将自然资源和户外活动联系起来	将 EI 融入气候行动规划中	将 EI 与对历史文化的理解、保护和再利用相联系	利用 EI 减少灰色基础设施的投入
	发展法律法规	通过法律途径，鼓励发展一个相互关联的绿色道路体系	融入监管制度（暴雨、洪水管理、住宅小区控制、树木保护），激发 EI 优势	建立保护冲积平原和河畔资源的制度性法规，解决雨水再利用项目的盈利问题	利用 EI 完善城市慢行系统，减少对机动车的依赖	开发树木和景观法规标准，深化当地生态环境保护和植物资源使用	认定 EI 的正面经济回报
分区	分区设计	在郊区层面的总体规划和设计中宣传 EI 优势	设计细化 EI 网络	利用 EI 来发展环境质量，创建步行环境，并为野生动物提供栖息地	规划 EI 策略，减少洪暴灾害风险	通过 EI 增强社区认同（公园和社区聚集场所）	开发跟踪 EI 正面回报指标（例如增加经济活动、提高公共健康产出）
	区域条例	在已设计的郊区中引入 EI	通过管制规划和优惠政策，连通 EI 网络	颁布设计标准，提高街道网络的步行友好程度	提出 EI 规定，保护易受灾地区	发布利用 EI 展示独特品质和地理归属的设计标准	允许有经济回报的再次使用（如再生能源）
场地	场地发展	颁布发展标准，激发 EI 功效和优势	考量 EI 的扩大联网	将娱乐设施融入其他可使用的户外空间中	利用 EI 满足暴雨管理需求	在设计中整合当地生态环境和当地建筑材料	利用 EI 提高投资回报（例如，通过增加租赁吸引力，减少能源使用）

3.2 | 生态基础设施规划的
方法与体系

虽然规划用地现状和各国的地域政策之间有着一定的差距，导致具体的生态基础设施规划项目所使用的方法和流程会有差异，但大结构基本一致。笔者将美国、加拿大和欧洲的生态基础设施案例加以归纳总结，对宏观和中观生态基础设施规划的一般步骤梳理如下。

3.2.1 明确设计目标

确立需求和设计目标是生态基础设施规划的第一步。首先应明确想要规划的生态基础设施的目的和侧重点，例如水资源保护和修复、乡村和农业景观的保护、生物多样性的保护等。只有确定了主要需求和设计目的，生态基础设施规划才能有针对性地展开。

在确定目标的过程中，我们需要确立生态基础设施规划的主要元素和特征，并对其加以景观描述。这些生态元素包括湿地、野生动物、栖息地、城市慢行系统等资源种类。以水资源保护生态基础设施为例，规划中的生态元素就包括海岸、内陆湿地、滨海用地、泛滥平原、湖泊、池塘等。

以东伦敦绿网规划（East London Green Grid）为例，规划之初就明确希望达成的设计目标包括：（1）保护并协调伦敦自然绿色区域和城市开放空间之间的联系，加强城市与绿地之间的融合关系；（2）增加城市基础设施和绿色空间的结合途径，加大城市人行道、自行车道等慢行系统的建设力度；（3）保证城市生态的多样性和多功能性，提高城市应对环境气候挑战的能力。

以佛罗里达生态基础设施为例，其目标是保护自然系统和使人类获益，因此州域范围内的生态元素被分为两类——自然景观（Natural Landscape）和人造景观（Human Dominated Landscape）。优先考虑生态保护和建设的特征，不仅会对未来的生态网络规划产生深远的影响，还将影响到生态基础设施的侧重点和所提供的效益类型。

3.2.2 收集相关数据

明确设计目标和研究类型后，第二步是收集和处理生态基础设施的相关属性数据。常见的生态基础设施相关属性数据包括：历史和气象资料、水文和地质资料、航拍地图或卫星影像、人文和社会经济数据资料、相关地理特征状况、相关照片和文字描述等。建立新的数据库在过去曾是劳神费力的，但目前得益于电子数据库和地理信息系统（Geographic Information System, GIS）技术的进步，大量的数据已经建立，用户可以直接从网络上下载或利用数据创建相关地图。利用 GIS 可以将一个场地的不同信息显示在不同图层内并综合起来，便于人们有针对性地作出选择。

数据的收集应根据规划类型和用地范围的尺度来进行。例如城市内的生态网络规划不需要详尽的局部数据细节，这只会增加计算时间；而局部区域内的生态基础设施设计，也不必过分拘泥于城市范围内提供的数据，而应针对区域进行分析。

随后将收集的数据按其生态属性或人为属性进行分类，根据其重要性以及网络设计的目标来进行优先程度等级分类。分类的数目过少则针对性不强，过多则不易辨认，通常三个等级就可以反映出生态属性的优先性程度。

3.2.3 确定网络元素

确定网络元素既可以采取景观生态学中的"基质—斑块—廊道"模式，也可以采取将生态网络元素分为以下三类的方法。

1. 中心控制区

中心控制区要有足够大的面积，同时要有较高的生态价值，适合动植物的生存以及自然生态过程的保持，相当于景观生态学概念中的"斑块"。中心控制区应该是一个完整的单元，有相对平滑的边界。若中心控制区的边缘出现缺口区域，内部有不同属性的土地，则为恢复其生态过程提供了有利条件。

2. 连接廊道

孤立的中心控制区的生态价值是有限的，因此设计团队需要通过合适的生态规划，把中心控制区连接成一体，形成一个完整的系统，从而达到最佳连通优化的目的。而对于生态基础设施来说，简单的连接并不能解决所有问题。有的中心控制区之间的生态环境、动植物类型、水文现状存在较大的差异，有些连接可能会促使动植物的迁移乃至人口的空间迁移。因此，在设计中应仔细衡量新连接的利弊，以便确定规划方案。

3. 额外的控制区和连接廊道

在进行生态基础设施规划的过程中，人类行为的影响是必须考虑的因素。在基于生态保护的生态基础设施规划中，公园、绿道、农业用地等人为基础设施，可以在生态网络模型的基础上，单独作为游憩或文化网络进行考虑。在基于城市生态基础设施规划的模型中，人为基础设施则是规划的基底，承担着大部分的角色。

3.2.4 设置优先级评定

对生态基础设施的整体格局中网络元素的重要性、价值或危险性进行评估的常用方法有影响因子评价方法、景观评价模型、景观美学评价方法、社会经济效益评价方法等。优先级评定可以帮规划者直观地确定那些最为敏感的区域，最易在发展中受到破坏、最容易退化或者最容易破碎化的区域等。具体评价方法可以参考第4章。以马里兰州生态基础设施为例，对区域内分析得出的中心控制区和廊道等区域的建设风险进行评估，并量化地给出对应权重。

3.2.5 景观改变

在以生态网络进行评估的案例中，发展到设置优先级就基本结束了。但对于城市生态基础设施规划和改造的案例，景观改变则是规划中的核心内容。

在这一步骤中，将提出如何应对以上分析得出的生态问题，如何从生态的途径对其进行规划和改造。具体的规划方案由于用地不同、问题不同，极其多样化。尤其在微观设计的尺度上，随着艺术成分的增加，设计的主观性占了较大比重，不同的个人、不同的团队，给出的方案都不尽相同。因此，景观改变这个步骤是最具多样化的，也是最具创造性的。景观改变的具体方法将在第5章进行详细阐述。

3.2.6　反馈与评估

反馈与评估是关系到整个规划成功与否的关键性步骤之一，但往往也最难以控制，没有固定的模式和顺序。通过反馈与评估，可以对生态基础设施方案的规划结果进行评定，并且比较不同方案之间的差异，以便决策者进行选择。在规划阶段，重点往往体现在各个利益代表的关注点和态度上。例如，城市公园委员会对于开放绿地的关注，水利部门对于洪水、河道的关注，文化部门对于遗产的关注等。规划的本质是在协调各部门利益的前提下，做出最优方案和规划。

3.3 ｜ 小结

本章首先对生态基础设施从两个层面进行理解：一是自然区域和其他开放空间相互连接的生态网络系统；二是生态化的人工基础设施。前者侧重于土地保护和自然资源保护，后者侧重于土地开发与人工基础设施的结合。

根据应用范围的不同，将生态基础设施分为自然区域、半自然区域和城市区域三大类别；同时，对每种类别中生态基础设施的存在形式进行了研究。

由于不同国家和地域的政策和编制要求不同，往往存在着较大的差异。但本章在结合大量实际案例的基础上，分析出其普遍性规律，并将其总结为以下几个步骤：

（1）明确设计目标；

（2）收集相关数据；

（3）确定网络元素；

（4）设置优先级评定；

（5）景观改变；

（6）反馈与评估。

以上体系适用于城市及区域范围内的宏观生态基础设施规划流程。

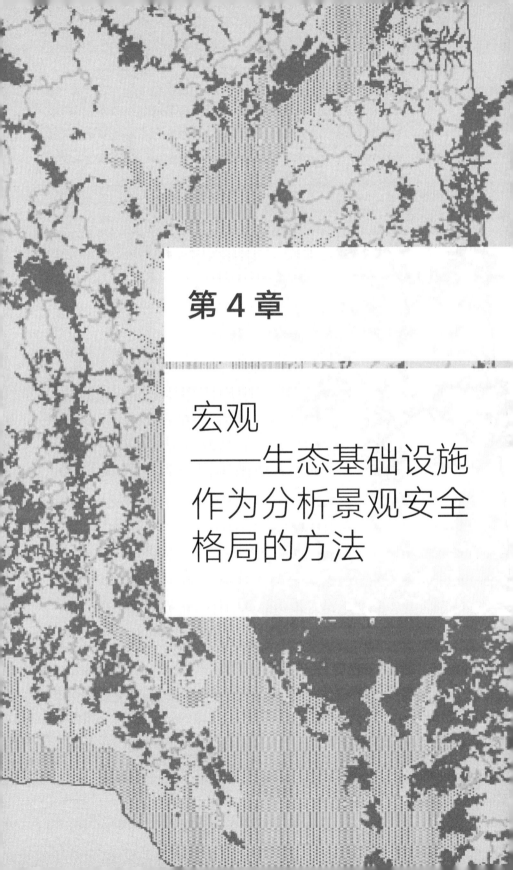

第 4 章

宏观
——生态基础设施
作为分析景观安全
格局的方法

随着城市化的迅速推进，人们对于城市与景观相结合的规划可总结为两种途径：一是将景观引入城市，二是使城市的扩张融入周围的景观——这也是霍华德田园城市思想的源泉。[10] 在城市范围内的生态基础设施规划也主要围绕这两种类型或两种类型的结合体而展开。

生态基础设施涵盖的范围广泛，从森林、河流、动植物栖息地，到公园、农田、街道、屋顶花园，一切可以保护自然生态体系、减轻灰色基础设施压力的自然或半自然空间，都是生态基础设施的范畴。由于概念庞杂，其分类也有多种方法。但仔细研究，生态基础设施的主要类型是由其应用范围决定的，由于用地尺度的不同，生态基础设施应用的侧重点也有所不同。

在区域范围内，生态基础设施常被用作景观安全格局的分析途径。生态基础设施研究应用的重要领域之一，就是识别和定位生态网络要素。[71] 在国家、区域等宏观范围内，生态基础设施研究主要用于对自然生态区域的评价和保护，其研究主要是针对自然栖息地网络，对于生物多样性保护有着极为重要的意义和作用。

通过景观生态学的理论基础，划定和分析具有关键意义的土地范围，建立基于景观安全的格局分析，从而保证土地开发对自然的破坏程度最小。景观安全格局是通过划定自然界中生态价值较高的区域，对其加以保护，使其在城市发展中具有"优先不建设"权利的规划途径。而生态基础设施在区域间乃至全国范围内，通常被用作景观安全格局的评估依据。

4.1 | 关于
景观生态规划

景观生态规划（Landscape Ecological Planning）是一门新兴的交叉学科规划方法，所涵盖的学科包括景观生态学、生物生态学、系统生态学和人类生态学等。通过研究大尺度范围内的生态格局、生态过程和人类活动的相互作用，实现区域景观生态系统整体优化的最终目标。在规划过程中，建立区域景观生态系统优化利用的空间结构和模式，对景观生态学提出的"廊道—斑块—基质"模式进行合理的分析和布局[72]；同时，最大限度地保存规划地块的生态效益，为人类和其他动植物提供适宜的栖息环境。20世纪80年代末，景观生态学通过里瑟（Risser）、特纳（Turner）（1987）、福尔曼（Forman）和戈德伦（Godron）（1986）等人的引进，在北美城市规划界得到了广泛的接受和认可，随后也在欧洲得到了广泛应用。[30] 景观生态规划的概念可以从两个角度来理解：从城市规划角度来讲，景观生态规划是城市景观规划的生态学途径，是生态学相关理论在城市和景观规划中的运用；从生态学的角度看，景观生态规划是城市景观格局的生态学分析。前者早已在麦克哈格的"设计结合自然"思想中得以展现，也是本章研究的重点。

麦克哈格在《设计结合自然》一书中提出叠加分析土地适应性及其利用的技术，即"千层饼"模式，从而进一步推动了景观规划与生态理论的结合。但随着景观规划理论的发展，人们也逐渐意识到了"千层饼"模式的弱点：首先，它主要基于垂直生态因子和垂直过程的分析，缺乏水平方向的适应性；其次，千层饼模式强调自然决定论和唯技术论，缺乏现实中可操作的规划框架。而景观生态学则弥补了这一缺点，为生态规划带来了更多可行的方法。

20世纪60年代中期，随着地理信息系统（GIS）技术在空间分析领域的广泛应用，景观生态规划被更多地应用到了城市生态基础设施规划之中，并作为景观中关键性生态要素和空间结构的评价方法。

4.2 | 整合土地——作为战略性 保护工具的分析方法

4.2.1 大尺度生态基础设施规划的需求

20世纪90年代，随着景观生态学和地理信息系统（GIS）技术的普及，更大区域范围内的数据采集变成了可能，人们开始对可持续开发模式和土地的综合利用机制产生了兴趣。生态学家和城市规划师也逐渐意识到，孤立地划定自然区域并加以保护是远远不够的。而生态基础设施作为自然资源和生物多样性的保护手段，需要更大区域和景观尺度内的研究。

地理信息系统（GIS）出现在20世纪60年代后期，并在20世纪80年代开始应用于城市规划领域。GIS通过强大的信息收集和整理功能，为地理空间分析提供了大量的基础资料，包括叠加的图层、缓冲区、最佳路径的制定和分析等。随着城市生态基础设施规划拓展至更广阔的视角和领域，GIS在大尺度空间规划和分析中起到了重要的作用。

4.2.2 生态基础设施评价方法及其实践

1. 马里兰州生态基础设施评价体系的形成背景

第一项整合生态基础设施规划的设计出现在了美国的马里兰州。1990年马里兰州启动了一项针对绿道的州域范围内的生态规划项目，为生态基础设施在州域范围内作为生态分析和评价方法的工具埋下了伏笔。与此同时，佛罗里达州绿道委员会也利用GIS开发了两个州域范围的生态网络系统：一个作为土地生态价值的分析工具；另一个用于体现土地的游憩和文化价值。[73]二者共同作为佛罗里达绿道系统的补充，描述了州域的生态网络。

鉴于马里兰州的城市化导致土地破碎化严重，2001年马里兰州推出了一个全

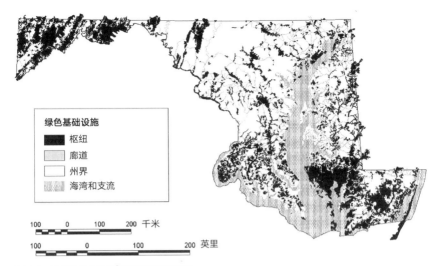

图 4-1　马里兰州的绿色①基础设施评估项目

图片来源：WEBER T, SLOAN A, WOLF J. Maryland's Green Infrastructure Assessment：Development of A Comprehensive Approach to Land Conservation[J]. Landscape and Urban Planning，2006，77（1-2）：94-110.

州的生态基础设施规划——绿图计划（Maryland's Green Print），用以作为修复破碎化景观并为城市发展提供战略化生态保护的计划。在绿图计划中，通过 GIS 和空间数据的多层叠加，将马里兰州内的生态基础设施进行分类和标识，从而得出利用分析生态基础设施空间格局来保护土地开发的评估方法（Green Infrastructure Assessment，GIA）（图 4-1）。[74]

2. GIA 体系的制定

在马里兰州的 GIA 体系中，以景观生态学及生物生态学为理论依据，利用 GIS 对州域范围内的生态网络节点、生态廊道、边缘和水域进行了梳理和分析，测定以上指标在区域内的生态敏感等级和生态价值；从而确定了在城市发展中各个区域的生态重要性指标，并将数据输出，生成 GIA 结果，得出州域内所有用地的生态保护优先次序，作为州域规划和土地开发的重要依据。[74]

GIA 的具体方法和步骤如下：

（1）确定 GIA 的研究范围和区域

马里兰州绿色基础设施评估体系的范围依据州界而定，而不是自然边界。其

---

① 美国常用 Green Infrastructure (GI) 一词。在马里兰州等地的规划中，GI 与本书中生态基础设施 Ecological Infrastructure (EI) 的表述概念一致。

范围包括马里兰州内部区域及其相邻州域内最近的道路和水系。

（2）识别生态网络中心、生态网络节点和廊道

生态网络中心是指研究范围内生态价值较高的大面积区域，维持其作为区域内主要的公共开放空间，并将对周边用地的生态连通性影响降至最低。在马里兰州的 GIA 体系中，生态中心包含以下几种用地类型：敏感生物栖息地、至少 100hm² 的大面积内陆森林、至少 100 hm² 的未经开发水域综合体，以及被国家和政府列为保护地的大面积区域等。[75]

生态网络节点是指生态价值较高的小面积区域，生态网络中心常见的载体为未开发的大面积水域、大范围的森林（> 100hm²）、生物多样性较高的保护地等。而生态廊道指生态价值较高的线性廊道空间，其常见载体为山脊线、带状森林、河流、滨水绿地等，用于将零散的生态网络中心连接起来。

生态廊道是指具有线性特征的生态基础设施元素，包括线性的水岸、山体、森林、山谷、丘陵等。生态廊道可以对零散的网络中心及节点进行连接，从而最大限度地为物种迁徙等自然活动保持通道，维持网络中心之间生物的迁徙与繁殖。在马里兰州的 GIA 体系中，生态廊道应达到至少 350m 宽，主要有三种生态类型：陆地廊道、水域廊道和湿地廊道（图 4-2）。基于多组数据的评估分析，以最终确定廊道的分布，分析数据包括土地使用、湿地、水系、河流、洪泛区、地形、周边用地类型，以及植物分布等（来自马里兰州生物河流调查）。其中，加入"阻碍层"及"阻抗参数"的影响，即阻碍动物迁徙的区域及其影响指数。随后，通过最少成本路径分析（这里的"成本"是指野生动物穿越某个区域时的困难程度），在网络中心之间确定最易于野生动物迁徙的路线，并与 GIS 得到的土地利用分析

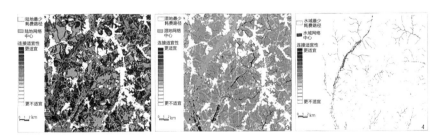

图 4-2　生物迁徙最小成本路径示意图（陆地、湿地、水域）

图片来源：WEBER T, SLOAN A, WOLF J. Maryland's Green Infrastructure Assessment : Development of A Comprehensive Approach to Land Conservation[J]. Landscape and Urban Planning, 2006, 77（1-2）: 94-110.

相叠加，最终得到区域内的廊道分布模型。

（3）划定适宜缓冲带

适宜缓冲带用于划分高强度土地使用空间与低强度土地使用空间，常见载体为农业和乡村景观。缓冲带的确定可以保护生态基础设施在受到城市蔓延和扩张的冲击时，具有一定的弹性；同时，使大面积的乡村景观得以维持。

（4）制定评价体系

根据各种类型的生态网络中心、生态网络节点和廊道的生态参数及权重，分析不同用地类型的生态敏感度，并制定生态基础设施评价体系。在马里兰州的GIA 体系中，共确定了 27 个生态基础设施要素及其影响因子权重。确定权重的依据包括生物学家和生态学家的评估、文献研究、区域依赖性，以及对于不同生态类型的平衡等。

3. 不足及展望

马里兰州 GIA 规划的不足是由于项目之初缺乏群众的积极参与，导致项目受财政问题影响而被拖延，从而影响了预期效果的实现。生态基础设施规划并不只是政府和规划部门曲高和寡的运作，居民与社区的参与也是重要的步骤之一。目前，马里兰州已经意识到了不足，并努力调整，计划与社区居民、土地信贷机构、保护组织等共同展开保护工作。

4.3 | 量化指标——形态空间格局的分析方法

4.3.1 从森林景观安全格局中引入的概念

形态空间格局分析（Morphological Spatial Pattern Analysis，MSPA）是大尺度区域内生态基础设施应用的另一种分析方法。以 GIA 方法作为其理论基础，MSPA 是基于数学形态原理，对自然生态空间进行栅格图像式的抽象分析（图4-3）。

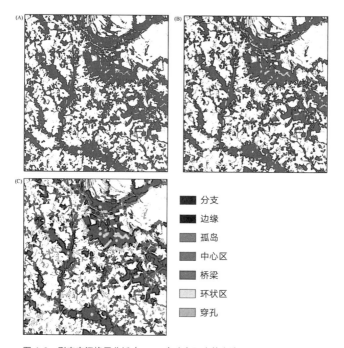

图 4-3　形态空间格局分析（MSPA）中各要素的表达

图片来源：WICKHAM　J D, RIITTERS K H，WADE T G, VOGT P. A National
Assessment of Green Infrastructure and Change for the Conterminous United States
Using Morphological Image Processing[J]. Landscape and Urban Planning, 2010,
94(3):186-195.

图例：
■ 分支
■ 边缘
■ 孤岛
■ 中心区
■ 桥梁
□ 环状区
■ 穿孔

MSPA 方法也是由景观生态学衍生而来，最初起源于森林景观安全格局分析，之后逐渐应用于分析州域范围内的生态基础设施体系构成。[70]

4.3.2　MSPA 基本生态要素与评价方法

MSPA 运用一系列图像化的抽象方法表达生态廊道、网络中心等生态基础设施评估要素，其分类相对于 GIA 体系更为细致和具体。在 MSPA 的生态体系评价中，主要构成要素包括中心区（Core）、孤岛（Islet）、边缘（Edge）、桥梁（Bridge）、环状区（Loop）、分支（Branch）以及穿孔（Perforation）等。每种构成要素对应不同的生态用地类型（表 4-1）。在生态基础设施的含义中，中心区等同于生态网络中心，桥梁则对应于生态廊道。[70, 76]

规划中先用 GIS 对 MSPA 各要素进行识别和分析，整理出每种要素的宽度、面积和分布情况，进而根据 MSPA 等级指数，计算出每种要素的等级指数。例如，边缘宽度约 120m 的郊野公园，即中心区要素，其等级指数为 0.361。最后，根据整理出的总体数据，确定城市发展中各生态基础设施要素的重要性排序，并以此为依据，对生态网络进行整体的保护和规划。

MSPA 中基本生态要素的概念和定义   表 4-1

要 素	定 义
中心区	大型自然斑块，野生动植物栖息地和迁徙目的地，在城市中心常指大型公园、风景名胜区和自然保护区
孤 岛	孤立的小型斑块，其内部物种和外部物种交流的可能性较小，相当于生态网络中的"生态孤岛"，在生态网络中起媒介作用；城市范围内的孤岛包括附属绿地、小型公园、居住区绿地和道路、广场等
边 缘	中心区之间的过渡地带，两种形态空间格局之间的边缘地带；主要表现为景观要素的外围边缘，如城市外围林带等
桥 梁	连接相邻中心区的廊道，进行相邻斑块之间的能量交换，如大型斑块之间的绿道等
环状区	同一中心区的内部廊道，进行斑块内部的能量交换，如城市内的环状绿带、道路绿带等
分 支	从同一中心区延伸出来的景观元素，但不与其他要素相连，如城市外围的孤立型农业生产用地和林地等
穿 孔	在中心区域内，中心区与其内部城市建设用地斑块之间的过渡地带，同样具有边缘效应，受人类活动影响较大

4.4 小结

本章总结了在宏观层面上生态基础设施的应用途径及方法。在区域尺度，生态基础设施常常作为分析景观安全格局的方法，其相关理论与实践的主要内容是对宏观范围内各种组成要素的生态敏感度及重要性进行分析，通过相关背景调研和数据统计，得出区域内最具保护价值或生态较为脆弱的地区，对其进行优先保护，从而最大限度地对自然环境予以保护。同时，结合相关案例，阐述了两种评价格局的规划评价方法。

提出生态基础设施在宏观层面作为生态评价体系的制定步骤：

（1）确定研究范围和区域；

（2）通过地形分析、数据计算和图层叠加，识别生态网络中心、生态网络节点和廊道；

（3）划定适宜缓冲带；

（4）通过生态基础设施元素的分布及面积，结合其影响权重，综合制定评价体系。

GIA体系主要针对未被开发的自然土地，目的是在城市开发带来破坏以前，前瞻性地保护和预留出生态价值较高的土地，以实现土地的最适宜利用方式。GIA体系的建立为生态基础设施规划提供了科学的理论依据和平衡的发展方法，也为生态基础设施规划作为整体评估方法在州域范围内的使用开了先河。

MSPA最初是森林保护学中用于评价景观安全格局的方法，在全国和区域等较大范围得到了应用。运用MSPA可以科学而有效地识别重要的生态网络要素，并确定城市开发中各区域的保护等级。由于该方法有着极强的专业性和针对性，目前在景观规划和城市规划中相关应用成果还比较少。我国深圳市曾借鉴MSPA的评价方法，对城市整体生态格局进行了分析和规划。

另外，MSPA方法也具有一定的局限性，由于其主要针对森林学中的范畴分类，将这样的分类应用到景观规划中，部分要素无法准确地和森林学中的分类相对应；因此，应对其从景观规划的角度加以完善和调整。尽管如此，该规划方法仍不失为一种进一步完善了大尺度国土景观安全格局评价体系的理论方法。

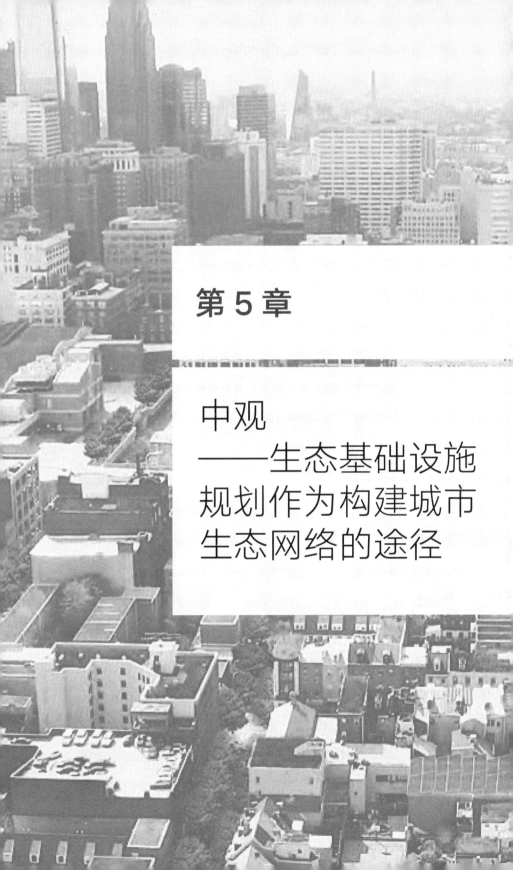

第 5 章

中观
——生态基础设施
规划作为构建城市
生态网络的途径

在城市尺度内，作为构建城市生态网络的途径，是目前生态基础设施最为常见的应用，其涵盖范围也最为广泛。根据生态基础设施规划的用地覆盖范围，可分为三类：区域尺度内的、城郊边缘地带（Pre-urban）的，以及市区内的生态基础设施规划。

5.1 | 构建多功能的城市生态网络

5.1.1 生态基础设施的多功能性

美国自然保护基金会的贝内迪克特在提出生态基础设施的概念时认为，生态基础设施是一种自然区域和其他开放空间相互连接的网络，该网络有助于保存自然的生态价值和功能，维持洁净的空气和水源，对人类和野生动植物大有裨益。[21]贝内迪克特所提出的定义不仅表明了生态基础设施的涵盖范围，也指明了生态基础设施的多重功能。生态基础设施作为生态的网络系统，有着供应服务（食物、水源）、调节服务（如雨洪调节、气候调节、土壤调节）、支持服务（土壤形成、养分循环）和文化服务（公众娱乐、健康、其他非物质利益）等多重功能。[77]

传统的灰色基础设施往往功能十分单一，造价昂贵且缺乏对于环境的整体考虑：道路就是让车辆通行，堤岸就是要防洪防灾，屋顶就是为了遮风挡雨，管道就是为了雨水排泄……这些功能单一的元素在传统城市设计中缺乏灵活性和弹性，而且造成了自然承载能力的下降和土地功能的破碎化。同样，在传统的城市设计中，城市绿地常被视作城市环境中锦上添花的点缀，而忽视了当城市绿色开放空间形成体系时所具有的多功能效益。

自然和绿色空间本身就具有多重生态效益——涵养水源、吸附粉尘、净化空气、缓解水污染、吸纳雨洪、提供生物栖息地、提升人类健康和生活品质等。但当城市用地破碎化，或缺乏完善的生态网络体系时，这些多重功能和效益只能部分地得以体现。因此，城市生态基础设施的构建也是一个规划多功能生态网络的过程。

生态基础设施带来的诸多功能对人类产生着种种影响，如安全、生活所需、健康、社会文化关系等；反过来，这些功能也引导了生态基础设施的规划建设。如何创造一个健康的、人性化的、多功能的生态系统，并将其融入城市基础设施建设中，是近十年来生态基础设施研究的热点之一。

当城市生态基础设施面对更为复杂的环境需求时，单纯地作为先保护、后开发的战略性保护工具，已经难以满足城市的需求了。[70]鉴于此，生态基础设施在城市中开始寻求一种相互交织的、多功能的体系。这也传承了 F. L. 奥姆斯特德时代提出的公园体系的精髓——满足人类的多种需求。于是，现代生态基础设施以城市为着眼点，涵盖了现代城市中的雨洪管理、低影响交通、可持续能源等一系列城市生态网络的元素，这些元素相互叠加构成了最终的生态基础设施体系。

5.1.2 西雅图城市可持续发展规划

1. 西雅图城市生态景观的发展历程

西雅图是美国华盛顿州的一座港口城市，截至 2012 年，城市人口 60 万，都会区人口 400 万。19 世纪以前，西雅图的主要产业是伐木业，随后发展为一个以商业和造船业为中心产业的城市。自 20 世纪 80 年代起，西雅图的科技、软件、生物技术和互联网等产业的振兴，使城市经济从二战的萧条中恢复，城市人口也开始迅速增长。自 1975 年以来，西雅图一直被认为是"美国最适宜居住的城市"。这个称谓不仅因为西雅图在经济和产业结构上的良好发展，更得益于城市建设者在打造宜居环境方面所作的贡献。

F. L. 奥姆斯特德曾在 1903 年为西雅图规划过一个城市公园系统和林荫大道的方案，当时预测的城市人口框架为 50 万。然而，随着城市的迅速发展和大量移民的涌入，他的规划已经不能解决如今更加复杂的城市问题了。同时，在全球气候变暖以及城市化所导致的环境危机等背景下，西雅图急需在原有规划的基础上，发展出一套多功能的生态基础设施网络，作为协调城市发展与生态环境保护的有效途径。

1994 年西雅图确定了可持续发展的城市规划目标，并制定了在《华盛顿州

图 5-1　西雅图绿色街道改造项目
图片来源：ROUSE D, FAICP, OSSA I
B. Green Infrastructure: A Landscape
Approach [M]. Chicago: APA Planning
Advisory Service Reports, 2013.

增长管理法案》（*Washington's Growth Manage-ment Act*）下的第一份可持续发展综合计划。计划中提出了一种"都市村庄"的发展模式，这些政策保护了西雅图郊区不受城市扩张的冲击，并最大限度地保护绿色开放空间、森林、农田等用地类型。随后，西雅图成立了城市景观设计的创新性组织——"西雅图绿色因子"（Seattle Green Factor），在其带领下开始了将城市景观与基础设施相结合的最初尝试。绿色因子项目对不同的景观类型采取量化积分的方式，以鼓励社区和开发商在附近区域进行生态基础设施建设，而项目的成果也是显著的。以街道绿化为例，人们将传统街道中常用的 1.5m 见方的树池拓宽，并在其间种植多种灌木和草本。美化街道景观的同时，也增加了城市的绿地面积，并有效地增加了生态雨水管理的功能（图 5-1）。

此外，西雅图在城市生态雨水管理方面也取得了显著的成就。自 2001 年起，西雅图完成了第一个居住区街道生态雨水基础设施项目，长度跨越两个街区，通过生物滞留池、雨水花园等生态雨水管理途径，成功地吸纳了近 99% 的街道雨水径流。在 2005 ~ 2009 年建设的 High Point 社区实现了多样化的整体雨水收集利用。小区内包括一个大型中心公园、一个小型公园、药店和牙科诊所、邻里中心、图书馆、菜园、艺术设施和一体化的开放空间。池塘作为一个中心雨水收集池，并将其他景观要素融入一个天然的排水系统中，这是美国最早的可持续性暴雨水（stormwater）管理系统的典范之一（图 5-2）。

2. 城市生态基础设施总体规划

在以上城市生态景观实践的基础上，2006 年，以华盛顿大学（The University of Washington）景观设计系和绿色未来研究室（Green Futures Lab）为主导，联合相关学者、政府官员、环保人士，以及风景园林师等相关从业人员，共同为西雅图做了新的生态基础设施规划——"西雅图的绿色未来远景规划"（Envisioning Seattle's Green Future）。该规划基于 2100 年的城市发展框架。[8]

图 5-2　西雅图 Highpoint 社区中的多样化生态雨水收集
图片来源：ROUSE D, FAICP, OSSA I B. Green Infrastructure: A Landscape
Approach [M]. Chicago: APA Planning Advisory Service Reports, 2013.

在 2006 年 2 月初，超过 300 个市民参加了规划初期的研讨会，为西雅图公共开放空间的规划提出愿景。

　　规划传承了 F. L. 奥姆斯特德提出的"公园体系"的思想：将城市绿色开放空间进行保护和连接。同时，以城市生态基础设施的景观化为起点，涵盖了生态雨水管理、低影响交通、城市水岸修复等一系列改造措施。其最终目标是在城市生态基础设施的层面创造一个生态、绿色、健康、人性化的开放空间体系，并最大限度地为城市提供基础服务和环境改善。方案中还在不同层面分别规划了 2025 年和 2100 年的城市公园、开放空间、生物栖息地、绿色廊道、城市中心，以及城市生态水域，塑造作为宜居的可持续城市的结构（图 5-3）。[8]

　　针对城市目前面临的问题，基于城市功能发展的需求，规划中吸纳了城市生态雨洪管理、低影响交通、绿色街道、绿色屋顶和都市农业等一系列新的理念和实践，提出了五大相互交织的生态基础设施网络系统——生物栖息地、开放空间、水系、低影响交通和可持续能源（表 5-1）。[78] 五大系统对于各自领域所面临的城市化问题进行了分析，并结合不同类型生态基础设施的功能，给出了相应的解决方式，从而指导整体规划发展。五大系统相互交织、紧密结合；同时，与城市外围的绿道、郊野公园相连接，形成了一个多功能、相互交织的生态网络体系。

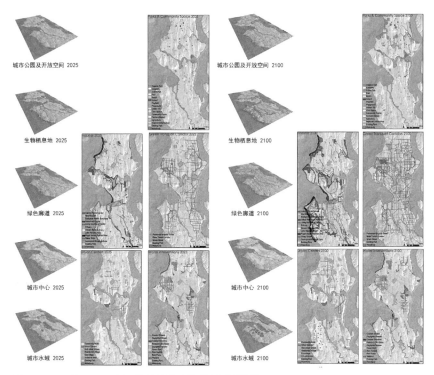

图 5-3　2025 年、2100 年西雅图城市生态基础设施分类规划

图片来源: Department of Landscape Architecture, University of Washington, the Open Space Seattle 2100 Coalition. Open Space Seattle 2100-Envisioning Seattle's Green Infrastructure for the Next Century[EB/OL][2007].http://www.asla.org/ awards/2007/07winners/439_gftuw.html.

五大相互交织的生态基础设施体系　　　　　　　　表 5-1

主题	生态基础设施类型	功能	问题	解决方式
生物栖息地	河道走廊、城市森林、海岸线、荒野公园、湿地沼泽等	提升城市生物多样性	生物栖息地被破坏、生物多样性丧失	以区域保护为主,将多样的栖息地相互连接,形成网络
开放空间	传统公园、城市绿地、广场、公共设施、城市农业等	净化空气、吸纳雨洪、娱乐、聚会、归属感培养	用地破碎化,缺乏多功能的整合和彼此连接	增加新的功能,建立连接
水系	城市河流、溪流、堤坝、蓄水池、生物滞留池、雨水花园	提供良性的水文循环,减小灰色基础设施的压力,创造多样的雨水基础设施	城市水体被污染,大面积不透水下垫面,城市暴雨造成的洪涝灾害	模拟自然的水文系统,重建城市生态河流,最大限度地回收并利用雨水

主题	生态基础设施类型	功能	问题	解决方式
低影响交通	城市慢行系统，多功能的生态街道	减少化石能源燃烧所导致的空气污染，提升市民的健康品质	对汽车的过度依赖导致的城市环境恶化	推行步行和自行车等城市慢行系统的建设，在人的尺度上整合生活配套设施
可持续能源	太阳能、风能、地热、生物能、潮汐能等	提供可再生的能源，支持城市生态的可持续发展	对不可再生能源的过度依赖，对可再生能源的潜力没有加以挖掘	寻找城市可代替能源，利用太阳能、风能等进行生产

与马里兰州的绿色基础设施评价体系相比，西雅图的生态基础设施规划研究对象是高密度的城市化区域，而前者是低密度的郊野乡村。因此，马里兰州的评价体系侧重点是自然资源的保护与开发；而西雅图的生态规划侧重点是现有城市结构的调整，以及景观与城市基础设施的整合。西雅图的生态基础设施规划为已经建成的城市提供了一套可以借鉴的模式，为城市中基础设施的景观化整合提供了可持续发展的全新视角。

5.1.3 伦敦东部绿网规划

1. 伦敦生态基础设施的演进

在工业革命时期，由于城市基础设施的建设速度跟不上工业的迅速发展和人口增长的速度，伦敦曾出现严重的生态环境问题。19世纪30～60年代，由于基础设施体系落后，城市水体被严重污染，导致霍乱大面积传播，造成了数万人的死亡。20世纪50年代，大气的烟雾污染事件同样直接或间接造成了十万人的死亡。

早在1580年，伊丽莎白一世就曾提出在伦敦外围预留4.8km宽的绿化隔离带，意在利用植物创造空间界限，防止瘟疫蔓延。这也是伦敦最早出现的绿带思想[79]。但由于一直没有系统的绿地规划法案，第一条正式的绿化带在1955年才得以形成。

受霍华德田园城市思想和田园城市运动的影响，英国早期的生态基础设施建设以绿带为主，作为城区和市镇的外围界限。例如1977年开始建设的伦敦东南部的"绿链",如今已经成为一个连接泰晤士河与城市公园绿地的绿带,为市民提供了长达25km的步行道。

1944年,帕特里克为伦敦提出过大伦敦规划建议,提倡用外围绿带及其他绿色空间相互连接,形成一个保护性的绿色生态系统,但该提案一直未被实施。经历了种种环境灾难,20世纪60年代,伦敦开始了对于城市绿色开放空间的关注和建设,并把帕特里克提出的"多功能的城市生态廊道"理念用了70年付诸建设。如今,帕特里克当年的设想已经基本落实,多条绿色廊道将郊野区域和城市中心相连接,包括罗丁山谷公园(Roding Valley)、克瑞河公园(River Crey)和李山谷公园(Lee Valley Park)等。其中,李山谷公园成为伦敦最大的区域公园。

2. 伦敦绿网规划(London Green Grid)

虽然经过20世纪末期的建设,伦敦的生态环境大为改善,但伦敦一直没有停下生态探索的脚步。生态规划的重点也从城市外围的绿带转向城市内部的绿色空间整合,以及生态基础设施的多功能化。较有代表性的举措是2004年完成的英国东伦敦绿网规划,该规划是真正意义上按照现代生态基础设施理念规划的项目(图5-4、图5-5)。为了保证生态基础设施规划的针对性,规划前期就为方案设定了三个目标:

(1)战略性地为城市的开放自然空间和文化空间提出保护、提升和平衡的方法,使城市日常生活中的常见要素有更好的连接性,如景观、市中心、公共交通节点、城市边缘的乡村景观、泰晤士河及主要的商业区和居住区。

(2)强调生态基础设施的使用功能,利用网络疏导人流和交通,提升文化和自然景观的辨识度,升级城市步行网络和自行车网络,为城市居民提供便利、舒适的出行空间。

(3)建立一个高质量的、多功能的绿色开阔空间网络,一个有能力针对21世纪环境挑战,尤其是城市气候变化的生态基础设施网络。[80]

网络化的生态基础设施体系为伦敦生态环境质量的改善起到了关键性的作用,在一定程度上利用生态手段修复了工业革命对于城市环境造成的破坏。伦敦经历了从工业革命导致环境的严重恶化,到利用生态途径进行整体性修复的过程,这是一场城市发展与生态保护之间的博弈。

伦敦不仅拥有海德公园、圣詹姆斯公园这样历史悠久的经典园林;对于城市

绿色网络区域

图 5-4　伦敦绿色开放空间规划图
图片来源：All London Green Grid‐Greater London Authority

全伦敦绿色网络框架规划

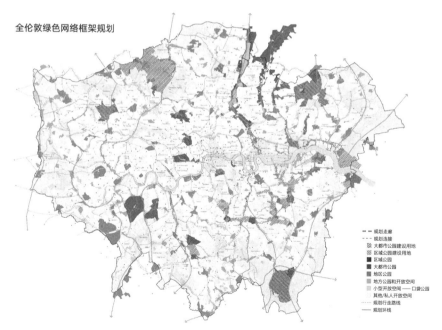

規划走廊
規划连接
大都市公园建设用地
区域公园建设用地
区域公园
大都市公园
地区公园
地方公园和开放空间
小型开放空间 —— 口袋公园
其他/私人开放空间
規划行走路线
規划环线

图 5-5　全伦敦绿色网络框架规划
图片来源：All London Green Grid-Greater London Authority

整体开放空间的保护以及清晰的城市建设引导，也使得城市形成了贯通的生态基础设施网络。如今，泰晤士河已经成为全世界流经都市区域的河流中最洁净的河流之一。伦敦从曾经的"雾都"到如今的"城市花园"，这一巨大成就的背后离不开他们对自然的尊重。

5.1.4 费城生态雨水基础设施规划

1. 费城的生态景观演进

费城位于美国宾夕法尼亚州东南部，是特拉华河谷都会区的中心城市。市区东起特拉华河（Delaware River），向西延伸到斯库尔基尔河（Schuylkill River）以西，面积334km²，特拉华河与斯库尔基尔河两条水域划定了城市的边界。由于费城与河流密不可分的关系，长久以来其在管理水资源方面作出了诸多努力。

追溯至19世纪中叶，工业的繁荣使得费城迅速发展，人口激增，同时也导致了城市环境的急剧恶化。当时的工业废水和生活污水被直接倾倒进溪流中，最终流入特拉华河与斯库尔基尔河。而费城的饮用水取自当地河流，水污染导致了流行病的大规模蔓延。从那时开始，当地政府和工程师们大规模兴建合流式下水道（Combined Sewer Overflow, CSO），潜移默化地改变了城市的水文地貌（图5-6、图5-7）。

为了应对工业革命给城市带来的水污染问题，费城于1855年开始沿着斯库尔基尔河建设费尔芒特公园系统（Fairmount Park System）。费尔芒特公园系统如今设有长达215英里（约合346km）的休闲步行道，是全美最大的景观城市公园

图5-6　18世纪初的费城市区复原图
图片来源：Philadelphia Water Department

图 5-7　20 世纪初的费城市区照片

图片来源：Philadelphia Water Department

图 5-8　斯库尔基尔河及费尔芒特公园系统

图片来源：Philadelphia Water Department

体系之一。在有效保障城市河流资源的同时，也为费城市民提供了大片绿色开放公共空间，对于费城地区的自然资源保育以及向公众提供休闲空间，发挥了重要意义（图 5-8）。[81]

自 2006 年起，费城市长 Michael A. Nutter 着手建设费城，以期到 2015 年把费城建设成全美最环保的城市。此后，费城开始了大量关于城市范围内的绿色基础设施体系构建的理论与实践研究。截至 2012 年，费城已经编制的基于城市绿色基础设施和生态雨水利用的规划已有 6 个 [67]，内容涉及生态基础设施规划、河流治理、可持续能源利用等诸多方面（表 5-2）。

这些研究和规划自下而上和自上而下相结合，资金投入和推进力度非常大，值得深入分析和研究。其中，Wallace Roberts & Todd（WR&T）事务所主持编制的 "费城绿色规划"（Green Plan Philadelphia）获得了 2011 年美国风景园林师协会专业奖分析与规划类荣誉奖。"绿色城市，清洁水体" 规划于 2012 年获得美国环境保护署（US Environment Protection Agency，EPA）的审批通过，并已经进行了大量的相关理论与实践研究。

名称	主题	规划年限	备注
"费城绿色规划"	绿色基础设施	2006～2028 年	城市范围内的绿色基础设施规划
"绿色城市，清洁水体"	生态水资源管理	2006～2035 年	24 亿美元投资的生态雨水基础设施规划
"费城绿色工作"	可持续规划	2008～2015 年	可持续绿地与能源
"绿色 2015"	城市绿地	2009～2015 年	500 英亩的新绿地空间规划
"费城 2035"	社区与就业	2010～2035 年	绿色经济增长与人口就业措施
"绿色街道设计指南"	绿色街道	2011～2035 年	街道生态雨水管理

2. 城市存在的问题及其背景

　　和美国很多早期建设的城市一样，费城 60% 的地区采用了合流制下水道，即生活污水和雨水混合在同一管道中排放。费城的年平均降雨量是 1050mm，这样的市政管理方式虽然节省了工程建设费用，却导致了很多环境问题：如果入水口堵塞或者超出管道容纳值，雨水将在街道上漫延或者淹没房屋的地下室。更糟糕的是，生活污水混合着雨水溢出，流向供应城市饮用水的两条河流，从而导致了不容忽视的水体污染问题。与此同时，随着城市建设的发展，市区内近 70% 的自然水系被填埋或用管道取代，天然排水渠道的堵塞和消失无形中增大了城市排水系统的压力（图 5-9）。

　　美国中央合流制下水道溢流控制政策（National Combined Sewer Overflow Control Policy）要求每个具有合流制下水道溢流的城市必须提出一个长期的控制规划（Long Term Control Plan），以达到《清洁水法》的要求。此外，宾夕法尼亚州也颁布了《宾夕法尼亚州清洁溪流法》（*Pennsylvania Clean Streams Law*）。因此，费城水务局（Philadelphia Water Department，PWD）需要提出一个战略性的方案，以便更有效地阻止污染物混合着雨水被排放至城市河流。

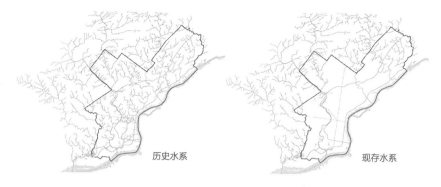

历史水系   现存水系

图 5-9 费城市区内历史水域与现状水域的对比
图片来源：Philadelphia Water Department

3. 规划策略与实施措施

自 2006 年起，费城水务局开始编制"绿色城市，清洁水体"规划，旨在推广绿色基础设施，进行雨水管理，以解决城市内合流下水道所产生的水污染问题。规划项目实施周期长达 25 年，计划投资 24 亿美元，其中 16.7 亿美元被投入城市绿色雨水基础设施建设项目。

费城水务局的规划旨在全市范围内依托生态雨水基础设施，从源头上把降雨排除在合流下水道系统之外，避免增加下水道系统的储存和处理容量。规划中提出了 8 个相互交织、基于不同用地类型的绿色雨水基础设施主题，包括绿色城市街道，城市步行道和小巷，绿色校园，绿色产业、商业、贸易和机构，绿色居住，绿色停车场，公共设施，城市开放空间。统计每个类型的分布比例，并相应提出规划策略和途径（表 5-3）。[67]

费城城市生态雨水基础设施规划目标及策略一览表　　　　　表 5-3

空间类型	主题	占市内总不透水区域的百分比	规划策略和途径
城市线性空间	绿色城市街道	38%	建造生态集水树池，将现有道路的路缘石改造为开口模式，让雨水进入道路绿地，在保留其原有功能的基础上，完成街道雨水的收集、减缓、净化和渗透
	城市步行道、小巷	6%	低成本的渗透和收集径流的方法，如多功能的雨水滞留种植池、生态集水树池等

空间类型	主题	占市内总不透水区域的百分比	规划策略和途径
小面积内向型空间	绿色校园	2%	雨水花园、绿色屋顶、可渗透铺装、植物、雨水桶和水箱，收集雨水的同时，可起到对当地社区和学生进行教育的目的
	绿色产业、商业、贸易和机构	16%	通常是私人业主控制，政府和相关部门起到政策支持和引导其自行建设的作用；措施包括绿色屋顶、雨洪管理服务费策略等，将场地内不透水区域面积与费用相结合
大面积外向型空间	绿色居住	20%	结合地形的雨水花园、绿色屋顶、雨水收集桶
	绿色停车场	5%	带状种植区域、雨水渗透带（临时储存和净化雨水）、树木植被、可渗透铺装、沙土过滤层、车库的屋顶绿化
	公共设施	3%	对公共设施的绿色潜力进行评估的非营利组织，鼓励公众监督和公共设施与绿色街道的结合
	城市开放空间	10%	城市公园内的不透水区域较少，但有着管理周边街道雨水的较大潜力

4. 量化的建设标准——绿色英亩

在"绿色城市，清洁水体"的绿色雨水基础设施规划中，"绿色英亩"的概念首次被提出，作为规划建设的量化目标与检验标准，用以衡量规划实施的进程。"绿色英亩"的理念源自低影响开发（Low Impact Development，LID）思想，即通过源头分散的小型基础设施就地处理雨水。

每个绿色英亩代表着1英亩在合流下水道服务区内的不透水场地，至少有1英寸的降雨是通过绿色雨水基础设施来管理，这包括了雨水管理基础设施自身和排水区的场地面积。也就是说，每个绿色英亩有能力吸收27158加仑的雨水。这意味着，在费城1英亩场地每年能够接收100万加仑的降雨；同时，也意味着每个绿色英亩能够阻止80%～90%的雨水受到污染（图5-10）。

在费城的"绿色城市，清洁水体"规划中，以25年为期限，总计9600英亩的非透水区域将被逐步转化为绿色英亩，34%的城市非透水硬质铺装将被透水铺装和绿地取代。[82] 每5年为一个阶段，分别制定了与之对应的绿色英亩实施的数量目标，以此作为实施及评价的量化标准，用以衡量绿色基础设施的实施。

"绿色英亩"概念的提出是将生态基础设施建设加以量化衡量的创新方法。"绿色英亩"的概念从本质上体现了"低影响开发"中分散式的、通过源头对于雨水进行管理的理念，并有助于维持和保护场地自然水文功能，有效地缓解因不透水面积增加而造成的短时期雨水大规模淤积及其可能造成的污染。

图 5-10　"绿色英亩"概念示意图
图片来源：Philadelphia Water Department

相比于大面积的城市公园绿地，绿色英亩可以更有效地通过生态途径对雨水进行高效管理；同时，在另一个层面上，也体现了规划对于民众使用公平性的考虑。

5. 政策的激励引导——雨洪管理服务费策略

费城水务局还修订了对雨水管理的收费方式。过去，雨水管理费是基于场地水表的流量。在这样的系统下，有 4 万个用户，包括很多停车场，由于没有水表而无须缴费。

为了鼓励群众自发地参与到雨洪管理的项目中，2013 年费城水务局颁布了新的"雨洪管理服务费与积分项目调整方案"（Storm Water Management Service Charge Credits and Adjustment Appeals Manual）。在新方案中，衡量雨洪管理的费用有两个参数——建筑用地总面积和不透水区域的面积。通过物业的建筑用地总面积和不透水的土地覆盖面积来计算，即把物业自身产生的雨水径流作为雨水管理收费的依据。通过实施雨水基础设施，场地内的所有人都能够减少雨水费用。如果非居住用地或共管公寓用户建造能有效减少雨水径流的生态雨洪设施（如屋顶花园、可渗透铺装、雨水花园等），并减少非透水区域的面积，将会在水费上得到相应的积分与折扣。[83] 作为和经济紧密相关的政策，这不仅提高了民众对于管理雨水资源的意识，同时也极大地鼓励了民众管理生态基础设施项目的自发性和积极性（图 5-11）。

图 5-11　费城城市生态基础设施规划愿景
图片来源：Wallace Roberts & Todd

5.2 | 设计多维度的
绿色空间综合体

5.2.1 二维规划理念的局限性

随着城市化问题的日益复杂和垂直化，人们逐渐意识到要解决复杂空间内的城市问题，仅仅利用绿道这种单一维度的"线性"开放空间是不够的。随着城市规模的扩张，城市边缘形态更加多样化，城市内部生态类型破碎，"绿道"中将开放空间相连接的二维思想往往实施起来并不尽如人意。因此设计师们开始将范围拓展，跳出线性思维的规划模式，转而寻求利用多重维度形成城市生态空间网络"综合体"。丹麦裔的美国著名景观设计师简·简森（Jens Jensen）曾指出："城市是为健康生活而建，而不是为了盈利和投机。未来城市规划师应该关心的首要问题就是如何让绿色空间融为城市综合体的一部分。"[84] 而这种城市空间中的"绿色空间综合体"，即是城市范围中生态基础设施网络。

5.2.2 多维度的城市研究模型

城市生态基础设施作为一种复合媒介，能够随着时间而变化、延续。麻省理工学院建筑学院的教授艾伦·博格曾指出：景观不仅是用于分析当今城市发展形态的模型，更重要的它是面向这一发展过程的模型。[62] 在过去十年中，生态基础设施逐渐在城市范围内被当作一种当代城市研究模型，用来描绘城市复杂环境背景的特征。而生态基础设施作为一种媒介，在城市空间中也必定是多维度的，能够随时间而变化、转换、适应和延续。这种多维度表现在空间和时间两方面——生态基础设施规划设计的立体多层次空间维度和网络要素随时间变化的多重时间维度。

1. 空间层面的多维度

多维度理念的萌芽思想出现在早期的解构主义景观设计中。在法国建筑师伯纳德·屈米（Bernard Tschumi）设计的拉维莱特公园（Parc de la Villette）中，设计师对传统意义上的"秩序"提出了质疑，用一系列解构主义的手法，在120m见方的网格内，把公园中的景观和建筑要素分成点、线、面三个层次：其中点的要素是多功能的红色构筑物（folies，又被译为疯狂屋），包含展览室、小卖、信息中心、咖啡吧、音像厅、医务室等不同功能，以满足游人的需求；"线"的要素是两条长廊、园内的林荫道以及主要游览线路；"面"的要素包含了公园中的主要场地、草坪等大面积开放活动中心。

拉维莱特公园的三种要素之间有着各自的几何秩序，彼此相对独立，但最终用新的方式叠加起来。[27] 拉维莱特公园的多层次叠加方式可以被视为城市生态基础设施由单一层次、平面化的设计方法转向多维度设计方法的早期实践。

詹姆斯·科纳曾指出，现代城市生态建设在建成环境中只有通过综合的、富有想象力的多维度重组，才能摆脱后工业文明的困境，走出"僵化且缺乏创意的"常规思想。这种多维度的设计思想在其事务所规划的波多黎各（Purto Rico）植物园方案中得到了体现——设计师将植物园描述成一种基于生态基础设施的"复合景观"，包含城市活动、研究、技术、自然信息、开放空间和绿地等多重维度。

2. 时间层面的多维度

除了多层次的空间维度外，生态基础设施的设计还应考虑时间的维度。城市生态基础设施中，元素之间互相关联的复杂程度较大，影响因素也较多；此外，由于生态景观随时间变化的特质，单一层面的设计并不能产生长远的效果。因此，必须采取阶段式介入的方式，制定随时间维度变化的设计模型，从而形成随时间"生长"的景观。

以纽约清泉公园（Fresh Kills Park）为例，公园原址所在的纽约市斯塔腾岛的清泉垃圾填埋场（Fresh Kills Landfill）是纽约最大的垃圾填埋场。2001年筹建改造计划，由詹姆斯－科纳－菲尔德景观设计事务所（James Corner Field Operations）提出的"生命景观"（Lifescape）方案最终赢得了竞赛，并于2008年开始进行建设（图5-12）。

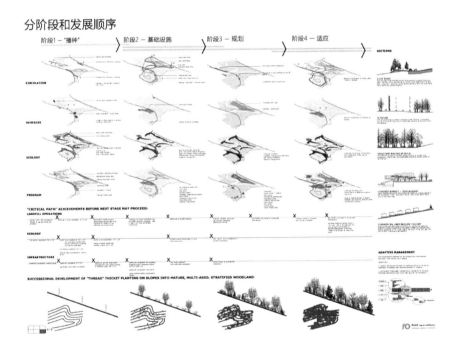

图 5-12 纽约清泉公园中随时间维度变化的设计
图片来源：James Corner Field Operations

5.3 | 小结

在中观城市区域内，生态基础设施规划是构建城市生态网络的途径，应用范围多为大都市、城市和城镇乡村。和宏观尺度相比，由于城市用地的破碎化，生态基础设施载体的分布更加分散和随机。生态基础设施的规划方法不再拘泥于生态保护，而是更趋向于多功能化和多维度化，以解决城市中面临的复杂问题。

结合后工业时代西方国家出现的城市扩张和逆城市化两种极端现象，本章提出了通过建设生态基础设施、改善城市环境，并使问题城市重新恢复活力的规划途径。同时，结合西雅图、伦敦、费城三个城市的生态基础设施总体规划，对城市范围内的生态规划方法进行了总结。

由于城市的属性，生态基础设施在宏观层次所关注的生物多样性问题在城市中并不具有太多的实际意义，中观尺度中的关注点更侧重于人类的娱乐活动、城市的大气环境和水文环境等。由于城市用地的局限性，多功能的生态基础设施可以实现生态效益的最大化，多维度则使得规划方案无论在时间和空间上都更加立体化。

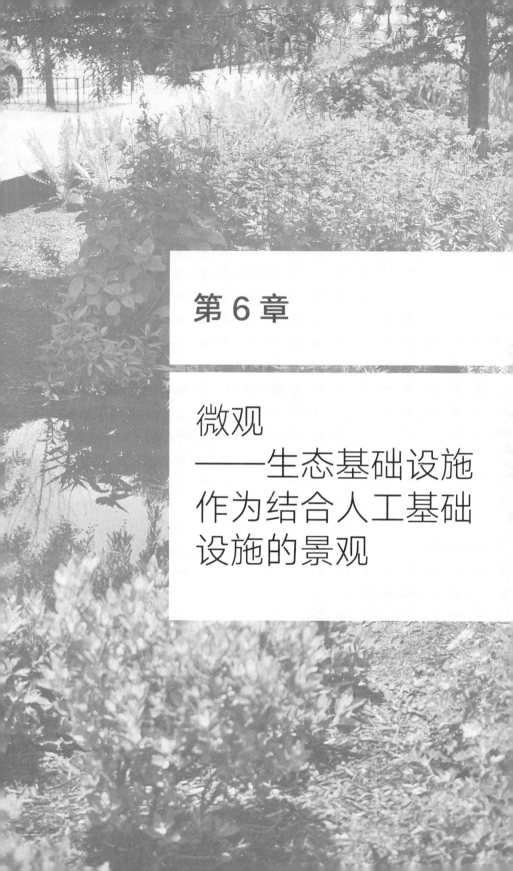

第6章

微观
——生态基础设施
作为结合人工基础
设施的景观

除了基于自然系统的生态网络和基于城市范围的生态基础设施规划外，在场地设计尺度下的生态基础设施的另一层含义就是生态化的人工基础设施。随着全球环境保护和可持续发展理念的普及，利用生态基础设施来提供城市和居民所需要的产品和服务，而不过分依赖于城市的灰色基础设施，已经成为城市可持续发展的基本策略。[85] 生态基础设施将城乡发展、基础设施规划、精明增长等一系列理念融入生态保护，受到了区域和地方政府、风景园林师和城市规划师的关注。[86]

在传统的区域环境规划中，"自然"和"城市"往往是割裂的、独立的，以"设计结合自然"理念为代表的生态景观学领域也只局限于自然意向中的生态研究，却忽视了城市基础设施中蕴藏的生态潜力。伴随着景观都市主义思想的兴起，景观和城市基础设施、城市蔓延、城市生态和城市稀疏化（de-densification）等要素的结合有了更加灵活的方法。[47]

城市化进程使得各种人工基础设施将土地人为分割，从而导致土地的破碎化。如交通基础设施，常常被认为是导致生物栖息地丧失和景观破碎的主要原因。于是人们开始对人工基础设施加以设计和改造，以模拟自然为初衷，将人工基础设施对生态环境的影响降至最低。目前，这种将人工基础设施生态化的做法在北美和欧洲开始大量实施，涵盖了交通、水文、建筑、气候等诸多方面。

将人工基础设施"生态化"的概念，为21世纪初期的规划理论带来了全新的思路，生态基础设施则用简单的、甚至低于建筑成本的规划途径，为城市问题提供了新的解决方法。因此，城市内的生态规划与其说是一种设计理论，不如说更接近于一种在设计实践领域的创新。而这种创新突出地表现在市政基础设施与生态景观的艺术化结合上。生态基础设施规划探索的内容之一，就是把生态基础设施融入城市肌理之中，让市政基础设施最大限度地发挥其生态管道和通道的功能，从而将基础设施转化为重要的公共景观，最终实现城市区域内的可持续发展。

生态基础设施与人工基础设施相结合的案例涉及诸多方面，本章所研究的范围是生态化的人工基础设施，不包含本身具有基础设施功能的园林绿地景观。本章依据市政基础设施的主要类型，将其总结归纳为基于城市雨水管理、依托城市水岸、结合城市交通系统，以及改造城市废弃地四类生态基础设施。

6.1 | 基于雨水管理的
生态基础设施

　　生态雨水基础设施的概念由绿色基础设施和生态雨水管理的概念发展而来。生态基础设施在城市和区域尺度上是多功能的开放空间网络，在地方（local）和场地（site）尺度上被定义为一种模拟自然水文过程的雨水管理途径。[67] 也可以说，在某种程度上，较小空间尺度的生态基础设施最常见的形式就是"生态雨水基础设施"（Ecological Stormwater Infrastructure）。[87] 美国环境保护署（EPA）认为，绿色基础设施利用植被、土壤和自然过程来管理雨水，创造健康的城市环境。在市镇或者县的尺度上，绿色基础设施是指提供栖息地、防洪、清洁空气和清洁水源的自然斑块；在社区和场地的尺度上，绿色基础设施是指通过吸收和储存雨水来模拟自然过程的雨水管理系统。[88]

6.1.1 城市化对水文条件的影响

　　美国地貌和水文学家卢纳·里阿普德（Luna B. Leopold）曾指出："任何土地利用的变化都会影响一个地区的水文状况，其中城市化的影响最为强烈。"在人类的发展历程中，"水"历来是城市发展中最重要的元素之一；在城市生态基础设施的范畴，城市水基础设施也是最常见的表现形式。然而，在城市化程度较高的市区，自然的水文环境遭到大幅改变，城市下垫面的属性已经改变，大面积不透水建筑和地表取代了自然的水文地貌，城市涵养水源的能力大大下降，城市极易遭受暴雨造成的洪涝灾害的威胁。

　　目前，城市中发生雨水洪涝灾害的原因主要有两方面：一是城市下垫面属性的改变，二是自然河道的消逝。在大自然的雨水循环系统中，通常近一半的雨水会被地表吸收，40% 的雨水通过蒸腾作用蒸发，余下 10% 形成地表径流。而在城市建成区，往往 70% 以上的地表是不透水的灰色基础设施，只有 15% 的雨水

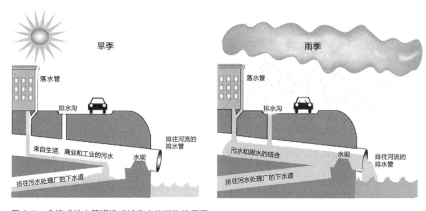

图 6-1　合流式排水管道造成城市水体污染的原因

图片来源：Banking on Green: A Look at How Green Infrastructure Can Save
Municipalities Money and Provide Economic Benefits Community-wide

可以渗入地表，30% 的雨水随蒸腾作用蒸发，55% 的雨水变成了地表径流。[89]

此外，由于大多数早期建设的城市采用的都是合流制下水道，即生活污水和雨水混合在同一管道中排放（图 6-1）。[90] 这样的市政管理方式虽然节省了工程建设费用，却导致了大量的环境问题：如果入水口堵塞或者超出管道容纳值，雨水将在街道上漫延或者淹没房屋的地下室；更糟糕的是，生活污水混合着雨水溢出，导致了不容忽视的水体污染问题。

因此，用景观手段将城市雨水基础设施生态化已经是必然趋势。目前，许多国家的雨水管理已经从传统的工程管道排水，转向了基础设施与生态设计相结合的生态雨水管理。充分发挥自然生态水循环系统的能力，来涵养水源、保护水质、净化污染、利用水资源等，从而实现城市的可持续发展。

6.1.2　生态雨水基础设施的理论与实践综述

1. 可持续雨洪管理的相关理论发展

治水不是一个新的议题，我国早在约公元前 21 世纪就有成功治水的经验。人类和雨洪的博弈从未间断，经过上千年的发展，人们对待雨洪的态度已从恐惧转变成将其作为珍贵的资源；对待雨洪的手段也已经从纯粹的工程治水转为可持续的控制和生态利用。

在 20 世纪 70 年代之前，雨洪主要依靠单纯的工程手段来管理，包括修建管渠工程、蓄水池及滞留池等。自20世纪70年代起，可持续雨洪管理在一些国家就已经形成了相对完善的管理模式和方法，并出台了针对本国或相关城市的现代生态雨洪基础设施管理模式和体系。1972年《美国联邦水污染控制法修正案》（*Federal Water Pollution Control Act Amendment*）首次提出最佳管理措施的概念（Best Management Practices, BMPs），关注非点源水体的污染控制，在美国和加拿大得到了广泛应用。1990年美国马里兰州提出了低影响开发的理念与技术体系，其核心理念是通过分散的、小规模的方式，在场地源头管理雨水 [91, 92]，通过采用一系列工程措施，对水资源进行渗透、过滤、蒸发、存储以及利用。[93] 这是一种微观尺度上通过控制措施发展而来的雨洪管理技术。和传统的雨洪基础设施相比，低影响开发理念强调在保护、恢复场地自然水文特征的基础上进行建设，其建设成本更低，得到的生态效益更多样化。

自20世纪90年代起，雨洪管理进入水量控制和水质管理并重的阶段。1999年由美国自然保护基金会和美国农业部森林管理局（USDA Forest Service）组织的"GI工作组"提出绿色基础设施的概念，将绿色基础设施定义为"自然生命支撑系统"，即一个由水道、绿道、湿地、公园、森林、农场和其他保护区域等组成的维护生态环境与提高人民生活质量并重的网络。在影响范围上，GI注重城市开放空间的整体性，而LID则强调微观尺度下对于雨洪管理的控制方法；在涵盖内容上，GI包括绿地斑块、连接廊道以及天然或人工化的城市绿色空间网络，而LID侧重于更为具体的工程措施，包括生物滞留池、雨水过滤系统、绿色屋顶、雨水花园、渗透沟及雨水收集装置等（表6-1）。

由于提出时所针对的城市水环境的问题不同，这些理论在侧重点上略有差异，但其核心思想都是通过可持续的自然手段解决城市雨洪及水污染问题，构建良性的城市水文循环。

GI 与 LID 的比较　　　　　　　　　　　　　　　　　表6-1

类型	尺度	研究重点	研究对象
绿色基础设施（GI）	宏观、中观、微观	城市开放空间的整体性	绿地斑块、连接廊道以及天然或人工化的城市绿色空间网络
低影响开发（LID）	微观	微观尺度下对于雨洪管理的控制方法	生物滞留池、雨水过滤系统、绿色屋顶、雨水花园、渗透沟及雨水收集装置等

2. 可持续雨洪管理的实践历程

经过近二十年的发展，在以最佳管理措施、低影响开发和绿色基础设施为代表的理论研究成果的基础上，很多国家和城市也开展了大量的相关实践（表6-2），进入了城市范围的规模化、系统化的可持续雨洪管理建设时期[94, 95]：如英国制定的可持续城市排水系统（Sustainable Urban Drainage System，SUDS）[96]、澳大利亚提出的水敏感城市设计（Water Sensitive Urban Design，WSUD）、新西兰的低影响城市设计与开发体系 [97, 98]（Low Impact Urban Design and Development，LIUDD）、美国西雅图公共事业局提出的公共设施低影响开发项目（Seattle Public Utilities' Low Impact Development Program）等。[99] 中国近年来也开展了大量关于生态雨洪管理的实践，被称为"海绵城市"建设。海绵城市是指城市能够像海绵一样，在适应环境变化和应对雨水带来的自然灾害等方面具有良好的弹性，也可称之为"水弹性城市"。同时，住房和城乡建设部2014年10月颁布的《海绵城市建设技术指南——低影响开发雨水系统构建（试行）》[100] 以及2014年颁布的《绿色建筑评价标准》GB/T 50378，也引入了低影响开发的概念，对雨水控制提出总体规划要求，并结合评价指标，对技术措施进行量化评价，开始了将可持续雨洪管理与城市总体规划相结合的尝试。这说明中国的雨洪管理模式已从工程管理逐步转向了可持续生态管理（表6-2）。

生态雨水基础设施的理论与实践发展　　　　　　表6-2

提出时间	提出者	管理模式与方法	理念
1996 年	德国联邦水法补充条款	洼地—渗渠系统模式	强调"排水量零增长"，可持续的雨水收集和利用
20 世纪70 年代	美国联邦水污染控制法修正案	最佳管理措施	通过单项或多项最佳管理措施，来预防或控制非点源污染，保证水体质量
20 世纪90 年代	美国马里兰州	低影响开发	强调通过源头分散的小型控制设施，维持和保护场地
20 世纪90 年代末	澳大利亚	水敏感城市设计	水文循环与城市规划、设计、建设、发展过程相结合，通过合理的设计减少对结构性措施的需求
2004 年	英国国家可持续排水系统工作组	可持续城市排水系统模式	管理与预防措施、源头控制、场地控制，以及区域控制
2006 ~2013 年	新西兰	低影响城市设计与开发	多种理念的综合，通过遵从自然生态系统的物质循环和能量流动，最大限度地减少城市化的负面效应

简而言之，在以最佳管理措施、低影响开发为代表的理论研究成果的基础上，诸多国家和城市也展开了大量可持续雨洪管理相关项目的实践，进入了城市范围内规模化、系统化的可持续雨洪管理时期。发展至今，城市生态雨洪管理的研究内容已经从注重径流水量及水质的水文控制方法，逐步转向更加全面的、与城市景观和基础设施相结合的规划体系。如今，雨洪管理的内容更侧重于工程措施与城市公共景观的有机结合；同时，强调雨水资源化利用和绿色基础设施的生态效益。

6.1.3 雨水基础设施的类型及构建途径

虽然可持续雨洪管理是近二十年才提出的概念，但生态管理雨洪的理念其实早已有之：例如，由 F. L. 奥姆斯特德规划的波士顿公园系统中的波士顿后湾沼泽（Back Bay Fens），其中就包含了水文和暴雨管理系统[101]，是城市可持续雨洪管理的早期实践。自 20 世纪 90 年代，可持续雨洪管理逐渐趋向于与城市公共景观相结合，并在世界范围进行了大量的实践探索。目前，根据尺度和形态的不同，可持续雨洪管理导向下的城市公共景观可归纳为以下几类：城市线性空间、小面积内向型空间以及大面积外向型空间，其相应的规划设计策略也存在差别（见表 5-3）。

依据用地范围和尺度，城市生态雨水基础设施可以归纳为三种类型：（1）点——结合构筑物；（2）线——结合城市街道；（3）面——结合场地。基于不同空间类型的场地，生态雨水基础设施的设计方式也会有所差别。以下将分别探讨在上述三种城市空间类型中生态雨水基础设施的构建方法：

1. 点——结合构筑物

在高度城市化的地区，构筑物占了绝大部分的地表面积，若构筑物及建筑的屋顶能对区域内的雨水进行有效管理，则能降低 60% 以上的城市雨水径流。目前，结合构筑物的生态雨水基础设施较为成功的途径是屋顶花园。通过在屋顶种植植被，营造景观，对降落的雨水从源头进行管理，能在有效利用雨水资源的同时，增加构筑物的生态效益，降低建筑表面温度，改善城市整体生态环境。与构筑物相结合的生态雨水基础设施收集环节，包括截流、疏导及末端蓄集环节。通过屋顶花园等措施的初步截流，剩余雨水通过疏导，到达最终的末端蓄集空间，或流

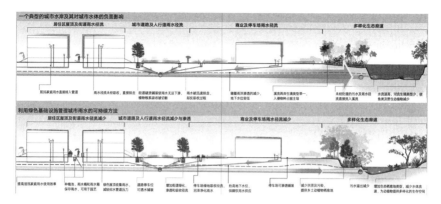

图 6-2　与构筑物结合的生态雨水收集环节
图片来源：Philadelphia Water Department

入城市排水管道（图 6-2）。屋顶花园作为初步截流最重要的环节，其设计关键有两点：一是屋顶覆土种植的土壤及植物，其重量不能超出构筑物的负荷限制；二是做好防水、防渗透的工程措施。

2. 线——结合城市街道

城市道路组成了现代城市大部分的线性空间，这类交通基础设施材料的透水性较差，且道路标高往往低于城市的其他界面，因此在降雨量大时容易积聚雨水。此外，由于汽车燃料的排放和泄漏，城市道路也是径流产生，降雨时径流被污染的主要原因。目前，城市道路雨水排放大多仍采用依赖排水管道的传统排水方式[102]，当雨量较大时，极易造成入水口堵塞或者水量超出管道容纳值，此时雨水聚集在道路表面，形成不容忽视的水污染及洪涝问题。

目前，对于城市线性空间的雨水问题，最常见的解决途径是通过设计或将现有的线性种植改造成带状的、分散式的、可吸纳雨水的生物滞留池、雨水种植池、植被浅沟和可渗透铺装等。雨水种植池常常由植物、土壤、沙石等自然景观元素构成，将常规的高于路面的种植池用无道牙或道牙开口的种植区域取代，形成带状的道路暴雨自然管理系统，从而具有滞留雨水、减少径流、促进雨水渗透，以及净化被污染水质等功能（图 6-3）。[103]

美国波特兰市是美国西海岸仅次于西雅图的第二大都市。作为最早建设生态雨水街道的城市之一，波特兰在绿色街道建设方面一直走在前列，产生了大量优秀的设计案例。如波特兰市的蒙哥马利西南绿色街道规划项目（SW Montgomery

图 6-3 美国华盛顿街道雨水种植池的设计
图片来源：作者自摄

图 6-4 蒙哥马利西南绿色街道规划项目（2012 年 ASLA 奖分析与规划类奖项）
图片来源：asla.org

Green Street），涉及城市及周边的多个区域。设计中提出了"无道牙"街道景观（'curbless'street）的概念，通过生态基础设施的介入，展现了将高度城市化的城市中心街道与雨水资源化利用策略相结合的方法。其功能不仅包含生态雨水管理，而且最大化地保护、创造并整合了城市的步行空间。[104] 该项目在 2012 年获得美国景观设计师协会（ASLA）分析与规划类奖项（图 6-4）。

再如波特兰市西南 12 号大街的生态雨水基础设施项目（SW 12th Avenue Green Street Project，Portland），方案利用步行道与车行道之间的绿化隔离带重新设计了沿着道路坡度顺势分布的 4 个"雨水种植池"。每个"雨水种植池"由预制混凝土板围合边界，种植了平展灯心草（Juncus patens）和多花蓝果树（Nyssa sylvatica）等耐湿、耐旱的植物。[105] 种植池内的植物可以减缓径流速度并有效净化雨水中的杂质和沉积物，促进雨水的自然下渗，从而组成道路暴雨水自然管理系统。当降雨强度较大时，第一个雨水种植池的水量达到饱和后，会顺势流入余下的雨水种植池中；当所有种植池的容量都达到饱和后，溢出的雨水才会排入市政排水系统。这一设计大大减少了城市街道的雨水净流量，减轻了城市排水基础设施的压力，降低了水体污染的可能。实验数据表明，西南 12 号大街的生态雨

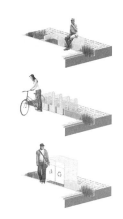

图 6-5　线性街道内雨水基础设施与其他功能的整合

图片来源：Olin 景观事务所

水基础设施项目能够将 25 年一遇的暴雨径流强度减轻至少 70%。

由于城市中心用地的局限性，设计师在规划街道生态雨水基础设施的同时，也开始注重不同功能设施的整合。如在奥林（Olin）景观事务所为费城规划的生态雨水基础设施方案——"遇见绿色"（Meeting Green）中，提出了多项创新型的生态种植池与露天剧场、座椅、停车等城市公共设施相结合的方案。这样做不仅减少了雨水种植池所占用的街道空间，同时使其变为服务于行人的各种基础设施要素，营造出优美实用的城市景观，并成为城市公共空间的一部分，为未来城市社区的可持续发展指明了方向（图 6-5）。

3. 面——结合场地

场地的类型包括住区花园、校园、城市广场、停车场等面状空间，这些开放空间往往有着大面积的硬质铺装，在暴雨来临时极易产生场地积水及大量径流，为人们的生活带来不便。场地内的雨水主要采取集中处理的方式；同时，对于校园等人流活动较多的场地，还应考虑交通设施的布置及场地的多功能设计。场地内的生态雨水基础设施改造主要有三种途径：结合场地设置雨水花园、使用透水铺装并控制不透水铺装面积[106]，以及利用雨水创造多功能的弹性景观。

在以大面积铺装为主的场地内，控制不透水表层的面积是场地内控制雨水径流最直接的办法。其解决途径有增加场地绿化面积和使用透水铺装两种。但往往改造成本较高，生态效益单一。此外，结合场地设置雨水花园是设计中最常见、

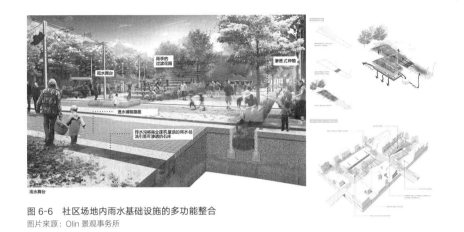

图 6-6　社区场地内雨水基础设施的多功能整合
图片来源：Olin 景观事务所

生态效益最大化的方式（图 6-6）。

此外，除了雨水花园，生态雨水基础设施近些年的发展趋势是利用雨水创造多功能的弹性景观。其核心思想就是赋予场地在旱季和雨季不同的实用功能：在旱季，场地作为城市基础设施的一部分，为人们的公共活动提供场所；在雨季，场地又有吸纳雨水的能力，并创造出多样性的景观。弹性的生态雨水基础设施充分考虑场地的季节和气候变化因素，使得场地在不同的气候条件下，能满足不同的服务功能要求。

如荷兰鹿特丹的雨水广场，设计中并未如传统广场般单纯地采用大面积不透水铺装，也没有采取雨水花园的方式，而是在设计中充分考虑了对场地多重功能属性的开发。场地整体地形下沉 1m，非雨季时，场地作为城市广场，为人们提供活动休闲的公共空间；常规降雨时，少量雨水可随排水系统排走；当遭遇强降雨时，下沉式广场可作为临时的雨水储存池，最多能容纳 1000m³ 的雨水，供儿童嬉戏游乐。同时，设计师利用指示灯、护栏等方式提示雨水深度，以保证场地使用的安全性。[107]

6.1.4　雨水的资源化利用及其相关案例

雨水的资源化利用就是改变依赖地下排水管道系统的常规途径，而把雨水视为一种资源，从源头进行雨水收集、管理和再用。[108] 在建筑密度较高和干旱缺水的城市，市政给水基础设施承载着较大的压力，而雨水作为一种自然资源，理应得到充分的收集和再利用。

与传统的城市排水系统相比，雨水资源化利用更加重视雨洪收集与其他服务娱乐等功能的结合。评价可持续城市排水设计的标准之一，就是雨水收集的数量、质量以及与娱乐功能的结合。[109, 110] 因此，雨水资源化利用的途径是设计出能够提供多种功能及价值的场地，其多功能性可以表现在以下几个方面：

——实用性，缓解城市灰色基础设施的压力，为动植物提供多样化的生物栖息地。

——教育性，很多雨水花园选择建设在学校中，与雨水收集的目的相比，更重要的是对公众进行相关的教育和展示。

——安全性，降低城市发生洪涝灾害的危险性。

——娱乐性，为公众提供多样化的城市开放空间和交流场所，使人们可以体验到雨水景观的活力。

——美学性，结合艺术化的设计手法，创造具有审美意境的雨水管理设施。[111]

1. 麻省理工学院计算机科学中心景观项目

麻省理工学院计算机科学中心（Ray and Maria Stata Center）景观项目是一处由教学楼包围的景观庭院，其最显著的特征就是对场地中雨水的资源化利用。该建筑由弗兰克·盖里（Frank Gehry）主持设计，景观部分由 Olin 景观事务所设计，并于 2004 年建成。场地原址是建筑围合区域的一片洼地，设计师在原有地形的基础上，顺势将庭院景观设计成了一个结合多种功能的户外截留池式下沉花园。截留设施是通过临时储存暴雨径流，来控制径流峰值、减少下游洪水产生、保护堤岸、去除污染物的设施。设计师采用因地制宜的手法，利用长条状石笼逐层叠加，形成雨水花园的边界。场地一侧种植湿地植物，用卵石做成的石笼也可用作供学生休息、停留的座椅；场地另一侧由大块岩石形成自由曲线形边界，隐喻了自然界"河岸"的形态。

设计中将周围屋顶及场地中的雨水通过管道收集至雨水花园，经过植物的净化处理后，作为建筑的冲厕用水。通过生态基础设施的设计，最大限度地节省并利用了场地中的雨水资源。

建筑的屋顶及道路上都设置了装有过滤装置的入水口，下雨时雨水经入水口

图 6-7　麻省理工学院计算机科学中心景观项目
图片来源：作者自摄

的过滤装置排入花园，并渗入下沉式雨水花园中。同时，设计了一个太阳能水泵，将已渗透到地下截留储水系统中的水抽到湿地中灌溉植物，节省了大量的灌溉水源。通过反复循环的过程，对雨水径流进行净化，并将雨水中的杂质沉淀下来。净化后的雨水可进行再次利用——用于附近建筑的冲厕和花园的喷灌。当雨水承载量实在超出负荷时，才会排入城市排水系统中（图 6-7）。[112]

2. 美国华盛顿运河公园

美国华盛顿运河公园（Canal Park）的场地曾经是个巴士停车场，经过设计被改造成了一处充满生机的市民聚集地。降雨时，周围商业办公楼的屋顶和周围道路所收集的雨水通过管道排入公园的雨水种植池中，经过植物的过滤和净化，根据不同的净化等级，被用作公园的喷泉、水景用水以及周围建筑的冲厕用水（图 6-8）。在冬季，雨水喷泉所在的场地被改造成了

图 6-8　华盛顿运河公园收集雨水用于喷泉设施
图片来源：作者自摄

图 6-9 华盛顿运河公园收集雨水用于公园水景及灌溉设施
图片来源：作者自摄

溜冰场，赋予场地极具特色的季节性使用功能。建成后的调查数据显示，场地的雨水花园及雨水种植池等基础设施每年可以收集 284 万加仑的雨水径流，其中 85 万加仑的雨水将通过可渗透铺装及生态雨水种植池渗透进土壤中。

公园中 66% 的用水需求可以通过所收集的雨水供应，从而达到自给自足。所收集的雨水可用作夏季喷泉、公园灌溉、公共设施清洗、冬季溜冰场浇制，以及冲洗厕所等的用水（图 6-9）。

6.2 | 依托城市水岸的
生态基础设施

6.2.1 城市河道与生态修复

从古至今，人类文明的发展同河流息息相关。河流孕育了人类文明，城市建设也往往始于河流。每一座城市的形成和发展都与当地水系唇齿相依。城市河流具有防御、运输、防洪、防火和清洁城市等功能；同时，它们又是多种乡土生物的栖息地及其空间运动的通道和媒介。城市水系更是城市景观美的灵魂和历史文化的载体，是城市风韵和灵气之所在。[113] 然而在如今的城市中，河流往往被混凝土建造的河岸所禁锢，与人类之间的关系也更加疏离。并且随着城市的发展和工业化的推进，河流成为最直接的、低成本的工业废料排放场所。河流在遭受严重污染的同时，也丧失了其自身的生态功能：不能再为鱼类等动植物提供健康的栖息场所，也不能再为城市提供洁净的水源。

城市河道是指流经城市或发源于城市的河流或支流，也包括人工挖掘的运河、水渠。城市河道相比自然河流，与人类生活的联系更加密切，其水文特征、生态环境也更容易受到城市活动的影响。在过去的 20 年中，人们对城市水岸的研究兴趣与日俱增，城市水岸的组成和形态也有了多样化的转变：从单纯的洪泛平原、城市硬质水岸，扩展到滨海、滨河地带的生境创造。[114]

作为城市中一项重要的基础设施，城市河道的发展一直备受关注。由于传统灰色基础设施、硬质河道基础设施功能的单一以及应对城市气候变化时所具有的脆弱性，近几十年来，城市生态河道的设计理念不断得到发展和更新。1938 年，德国的 Seifert 首先提出近自然河流整治的理念，强调人与自然的互利共生和生态保护。[115] 此后"河道治理的近自然工法"的设计思想在欧洲得到了广泛的应用，其核心思想包括将硬质的河道基础设施进行软化、允许水流自然侵蚀、保持河流自然的流态等。在随后的实践中，莱茵河、恩茨河等河流治理都采用了这种方法。[116]

20 世纪 70 年代，美国的河流水资源管理也发生了从工程改造到生态修复的转变，并确立了可持续发展的生态化发展理念。1993 年，在密西西比河流域的改造中，提出了经济、生态、文化相融合的可持续河流管理模式。[117] 在随后的实践中，美国各州开始推行有别于以污染治理为中心的河流管理办法，取而代之的是一种综合性生态保护方法——流域保护法（Watershed Protection Approach，WPA）[118]，提出了大量与城市河道有关的生态因子保护和修复办法。

6.2.2 自然作为设计形式

"自然作为设计形式"，即在充分尊重场地自然演变过程的前提下，以具有场地特色的自然要素本身或其演变机理为蓝本，作为规划设计构思的基本形式，从而将场地所特有的生态演变历史融入设计之中。自然作为设计形式是尊重场地生态特点及文化历史的体现，也是保证设计独特性的有效方法。

1. 瓜达卢佩滨河公园

瓜达卢佩滨河公园（Guadalupe River Park）位于美国加州的圣何塞市（San José，California）。圣何塞市于1777年建立，是典型的地中海气候城市。冬季多雨，雨水有时会造成破坏，并且每隔几年会暴发洪水。城市建设初期，瓜达卢佩河一直处于被无视的状态，冬季雨量大时，河水经常漫过堤岸，淹没邻近的房屋和田园。最近一次因瓜达卢佩河引发的洪水是在1995年，造成了近六百万美元的经济损失。[119]

自20世纪40年代起，工程师开始研究应对瓜达卢佩河洪水泛滥的办法。最初的想法是沿河岸建造一个防洪工程。历经近四十年的反复斟酌，政府决定在满足安全排洪、泄洪要求的基础上，将河岸打造成满足市民休憩所需要的绿色开放空间。通过城市开放公园的建设，解决河流泛滥的问题。于是就有了今天的瓜达卢佩滨河公园（图6-10）。

公园总长度约4.8km，设计师乔治·哈格里夫斯建筑事务所（George Hargreaves Associates）从阿拉斯加河流的河道肌理中获得灵感。设计人员对特定情况下河流在冲刷作用下的土地形态进行了研究。为防洪而设计的流畅曲线式地形，构成了场地的肌理。波浪起伏的地形作为生态化的防洪堤坝，构成了公园的骨架。这种设计后来被称为"波形堤"（wave-berms）——设计出的地形与河道冲刷后的肌理极为相似。为了达到设计所要求的精确度，设计团队用黏土做了一个80英尺长的整体公园方案模型。用有色水进行涡流形成和泥沙沉积模式的测试[19]，以此研究场地肌理与功能形态的结合。在洪水泛滥的季节，这些地形又变成了重要的泄洪通道，最大限度地守护着两岸居民的安全。[64] 在另一个层面上，公园包含了一系列公共开

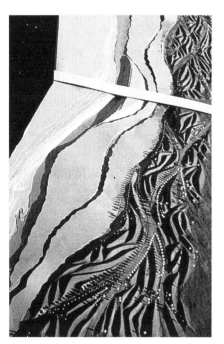

图6-10　瓜达卢佩滨河公园模型
图片来源：George Hargreaves Associates

图 6-11　瓜达卢佩滨河公园
图片来源：George Hargreaves Associates

放空间和野生动植物栖息地，为人类活动和生态保护提供了多功能的空间。设计师充分尊重场地的自然演变过程，以场地自然演变所形成的肌理为蓝本，将生态基础设施与土地形态进行了完美地结合。

瓜达卢佩滨河公园是现代将城市开放空间、生态基础设施、野生动物栖息地与河道防洪相结合项目的代表性作品。公园表达出场地的文化特质，利用河流的形态勾勒出场地的走向，做到了"虽由人作，宛自天开"。这个公园提供多样的游憩活动，供不同人群使用，例如：步行、骑自行车、露营、赏花、球类运动、野餐等；同时，设有 2.5 英里（约合 4023m）长的慢跑路径。公园将人从拥挤冰冷的城市中解放出来，提供了一个富于活力的公共休闲娱乐空间（图 6-11）。

2. 牡蛎礁石公园

2010 年纽约现代艺术博物馆（MoMA）举办了一次题为"涨潮"（Rising Currents）的专题研讨会，研讨应对城市人口增长、生物多样性丧失，同时包括海平面上升、气候改变等主题的相关设计。其中，一个名为牡蛎礁石公园（Oyster-Tecture）的作品，在当时引起了较大反响（图 6-12）。

这个方案由 Scape 景观设计事务所完成，Scape 是纽约的一家新锐景观事务所，由建筑师、景观设计师、工程师和生态学家等不同领域的人士组成。方案中以纽约高度污染的格瓦纳斯运河、布鲁克林的总督岛及其之间的水域作为实践地段，

图 6-12　牡蛎礁石公园的设计灵感来源
图片来源：Scape Associates

图 6-13　牡蛎礁石公园中生态水岸的剖透视
图片来源：Scape Associates

该区域经历过几次疏浚，如今由于污水排放过度，水体受到严重污染。同时，和纽约的大部分水岸一样，该区域也面临着风暴潮和海水上涨的问题。设计团队发现，根据 1770 年的纽约地图，这里既有港口外一连串的岛屿，又有纵横交错的盐沼滩涂。对于陆上居民来说，盐沼滩涂是天然的防波堤。此外，在城市未侵占河岸时，这片区域的人们经常把运河中出产的牡蛎作为食物，这成为当地重要的渔业文化的一部分。

于是设计师利用场地中的历史文化元素——牡蛎，作为设计的灵感和基础，旨在借助贻贝、鳗草、牡蛎等各种港口水生生物的生态力量和当地居民的力量，以恢复牡蛎的生境作为生态调节手段，来应对气候变化以及由暴风雨突袭所引发的海平面上升等自然灾害。同时，该方案还兼顾了水质净化以及休闲服务等功能。

牡蛎有着不同寻常的消化器官，有着较强的净化水体和吸附泥沙的能力；此外，牡蛎的生存依赖天然礁石，它们相互结合成为大自然的防波堤。对所有港口而言，它们也是生态系统的基石。为此，方案中以由木桩和绳网构成的三维立体生态"堤坝"模拟礁石，这个承载结构为牡蛎的生长提供了场所；同时，也作为水岸基础设施，稳固和加强了城市海岸的生态结构（图6-13）。

6.2.3 景观作为修复途径

过去人们总是从单一视角思考河道问题：交通专家只着眼于河道的运输功能；化工企业将河道视为污水排放和倾倒废料的渠道；水利部门将河道看作洪水爆发的源头，而对其加以硬化处理……种种单一思维导致了河道污染、废弃、洪涝等问题的产生。如今，人们更倾向于将景观作为修复途径，而对河道加以修复；发掘河道作为景观基础设施载体的多种功能，为城市提供休闲娱乐空间和生物栖息地；同时，用来连接城市中孤立的开放空间。[120]

景观作为河道基础设施的修复途径，对应不同的修复类型和目标，其具体措施也不同。可大致归为以下三种途径[121]：

1. 人类干预

为了达到生态修复的目标，人为地清除污染源，引进植被和物种，并改变河流的景观结构。

2. 自然修复

依靠河流自我修复的生态特征，为其提供自我修复的条件和时间，使生态系统自身进行自我整合、修复、净化，从而达到生态修复的目标。

3. 介于以上两者之间的协调修复

在进行适当人为干预的基础上，结合自然的修复能力，使其得以恢复。初期进行一定的物质投入及改造，待河流恢复自身的修复能力后，依靠自然生态的弹性实现修复的最终目标。

在以上三种途径中，第三种是最为常见，也是修复效率最高的一种。以下通过布法罗河口散步道项目（Buffalo Bayou Promenade Project）对其进行说明。

布法罗河口（Buffalo Bayou）位于美国得克萨斯州休斯敦市。由于城市无节制地扩张和发展，河口的生态环境遭到了极大破坏。河道整体被多条公路桥切断，15座桥梁跨越河流的两端，而散步道中的大部分空间就位于立交桥巨大的水泥墩柱之间。场地原址充斥着噪声和灰尘污染，成了被人遗忘的消极空间。为了改善城市整体开放空间，SWA公司主持设计了沿河道总长为1.9km，总面积为9.3hm^{2}的散步道公园。

SWA的核心设计思想是规划建设多功能的景观基础设施，将布法罗河塑造成兼具城市泄洪、生态通廊以及城市休闲娱乐等多重功能的城市生态基础设施。利用景观修复，使河道重新焕发活力。首先，设计中将河道的坡度由原来的2∶1，平整为3∶1；缓坡在增加河道蓄水量的同时，也更利于植物的生长；其次，由于散步道整体标高低于城市平均标高，设计从竖向和横向两个维度，将散步道的景观要素与城市景观要素进行连接，拓宽了散步道的景观视野。[122] 整个设计在减缓散步道坡度，增加河道景观可视性的同时，增设了多个台层，从竖向的维度连接城市与滨河界面。此外，还将作为过渡区域的散步道公园，通过无障碍单车径、蜿蜒散步道加以连接，增强了整个流域空间的连续性。

设计中对植物进行本土优化配置，保留场地中状态良好的乡土树种，同时增加多种本土、耐洪涝的滨水植物，并引进深根系植物，以涵养水土。多样性的植物配置一方面修复了河道土地的破碎现状；另一方面，也为野生动植物提供了栖息地，增加了地区的生物多样性。此外，项目中还引进了无死角的防水照明系统，保证了该区域在夜间的可视性和安全性。该项目于2006年竣工，2009年荣获美国景观设计师协会（ASLA）奖综合设计类杰出奖。

6.3 | 结合城市交通系统的生态基础设施

　　凯文·林奇在《城市意向》一书中描述了"路经"以及"通过运动感知景观"等概念，指出城市道路的形态和面貌在较大程度上影响着人们对于一座城市的印象。现代城市道路通过其自身的宽度、方向变化、两侧的景观特征，以及不同类型的路网组合方式，改变了人们对城市空间的感受。[123]

　　城市交通基础设施包括机动车道、步行道、铁路、隧道、港口、站点及其附属设施和相应的支持系统。[124] 交通基础设施正在以构架的形式搭建起如今的城市形态。城市公路是公共空间里能量运送的路径和枢纽，城市公路在区域和城市范围内交织形成的网络也在以庞大的规模四处延展。因此，在某种意义上，交通基础设施既是城市赖以生存的工程结构要素，也是一件大地艺术作品，在建筑和景观之间占有显著的位置。

6.3.1 传统城市交通基础设施的困境

　　一直以来，城市交通基础设施的设计往往由国家相关交通部门和市政部门来规划并管理。因此，与广受重视和欢迎的城市公共空间——如广场、公园相比，极少有规划师和设计师参与其中，这导致了交通基础设施在审美和生态功能方面的缺失。

　　随着后工业时代的来临，功能单一的传统交通基础设施在应对现代生活需求时，开始显得捉襟见肘。如今，城市公路多以混凝土和沥青铺就，规划时对雨水管理的考虑不周，导致城市道路丝毫没有涵养雨水的能力，反而大大加重了市政排水的压力。此外，随着经济的增长和城市化的快速推进，城市道路的建设取得了巨大成就，但城市的交通状况却依然不容乐观。虽然在交通基础设施上的投入成倍增加，但城市道路建设的速度仍然赶不上机动车增长的速度。究其深层次原因，一是由于人口增长和经济发展带动了小汽车在家庭中的普及；二是由于城市缺乏完善、友好的步行系统和舒适的步行空间，以致人们不得不为了安全和健康，选择乘车出行。这一状况若不及时改善，城市道路的发展必将陷入恶性循环。

传统城市交通基础设施体系目前面临着两大问题：一方面，工业模式下产生的单一功能交通基础设施对生态环境的负面影响日益加重，空气、水体、噪声等交通造成的污染严重影响了人们的生活；另一方面，经济利益的驱使在一定程度上导致了城市空间资源的浪费，加重了交通基础设施的压力。随着人们生态意识的觉醒，亟待发展一种具有可持续性的交通模式，使得基础设施在满足日常通行需求的基础上，作到人与自然的和谐共生。

6.3.2 对城市慢行系统的关注

城市慢行系统是对如今以汽车为主导的交通方式的生态反思，提倡在交通规划发展中，把步行、自行车、公交车等绿色出行方式作为城市交通的主体，通过降低汽车的使用率，引导人们采用步行、自行车、公交等生态出行方式，降低城市道路基础设施的压力，从而减少城市交通基础设施给环境带来的负面影响。

在车行道占据主导位置的今天，大部分城市的自行车道和人行步道被切断、占用，甚至改造成车行道，绿色出行的安全性和可行性极低。城市没有完善的慢行道路系统，即使很多人想要弃车出行，却因道路条件不允许，而不得不放弃。从概念上说，如果不谈绿化，城市慢行系统并不属于城市绿色空间。但如果完善这部分建设，人们对于汽车的依赖会在一定程度上减少，为绿色出行提供机会，车辆的污染排放也自然会有一定程度的缓解，从而减少城市空气污染，提高居民的身体素质，这些随之产生的生态效益是不言而喻的。就"保存和改善自然的生态价值和功能"而言，城市慢行系统虽然并不是城市绿色空间，却具有改善环境和居民健康的远期价值。

1961 年美国记者、自由撰稿人简·雅各布斯出版了《美国大城市的死与生》一书，以美国的纽约、芝加哥等大城市为例，以使用者的眼光和角度深入分析了城市规划中的基本组成以及它们在城市生活中发挥作用的方式。书中的第一部分就对城市人行道在安全、交往及社会交流等方面的重要性加以阐述，提出"人行道除了承载交通功能，还有其他的社会意义和用途。这些用途和城市交通基础设施一样，是城市正常运转的基本要素。"[125] 该书对传统的城市规划模式提出了

图 6-14　纽约中央公园的慢行系统
图片来源：作者自摄

强烈的批判，引发人们对于城市慢行系统的关注，让人们重新反思当今的城市规划体系和方法（图 6-14）。

20 世纪 70 年代以来，发达国家在城市交通领域为实现从汽车主导向以人为本方式的转变，开始对城市原始的交通基础设施进行模式的更新与调整，并推动交通方式的多元化。荷兰首先提出了"生活街道"的概念，建议将慢行系统加入交通体系，形成"混合交通"的模式，这一模式很快就在欧洲得到了发展。相似的还有美国基于精明发展理念提出的"共享街道"概念，也是强调慢行系统在城市交通体系中的重要地位，并指出"街道应明确给予行人最高优先权。"

常规的交通基础设施，其功能较为单一，只是作为生活出行的交通工具；而城市慢行系统则包含了娱乐、休闲、社交、健身及对环境的保护等诸多内容，不仅为出行提供便利，也是城市居民交流和活动的场所。美国自 2005 年起，开始将城市道路建设的重点向慢行交通系统转移，并取得了一定的成效。从统计数据可以看出，从 2005 年至今，日益完善的城市慢行系统在较大程度上为市民的绿色出行提供了条件，步行和自行车出行的比例有了明显的提升。较典型的例子有明尼阿波利斯圣保罗都会区（Minneapolis-St. Paul）市中心的二层步行系统，总长二十多公里的城市慢行系统连接了市域内的八十多个街区，为健康出行和市民的体育活动提供了便利条件。

德国大尺度的生态基础设施规划项目不多，但它对于可持续交通基础设施的改善和城市慢行系统的建设颇有成效。例如，德国汉堡市（Hamburg）的绿色网络规划（Green Network Plan），计划在未来 20 年里推行城市绿道和慢行系统的建设，为市民绿色出行提供条件，以减少市中心的汽车使用率。德国弗赖堡市（Freiburg）

为鼓励市民选择对环境更为友好的出行方式，将城市中心的自行车道和人行道列为与车行道同一等级的道路。该市建设了 152 英里（约合 243km）长的沥青车道和 103 英里（约合 165km）长的砂石自行车道，以方便居民骑自行车出行。此外仅仅市中心就新增了 5000 个自行车停车位，完善的城市慢行系统规划使得人们更愿意选择绿色的出行方式。1982~1999 年，整个城市的机动车流量从 38% 下降到 32%。2015 年，城市汽车数量占人口数量的比例降到了 43%，相比 55% 的德国国家平均水平有较大的改善。[48]

6.3.3 复合型的多维度交通基础设施

在现代大城市的交通布局中，寸土寸金，用地情况复杂，用地范围往往受到多方面的制约。无论是完善城市慢行系统还是拓宽原有车道，都难以操作，在单一维度上发展城市交通基础设施面临着很大的困难。此时，复合型的生态基础设施是在城市用地受局限时解决交通问题的有效方法。复合型是指在空间上结合不同功能，将城市道路转化成多维度的、垂直结构的复合道路体系。

以美国亚特兰大城市环路为例，亚特兰大城市环路项目位于佐治亚州亚特兰大市中心，整体长达 35km，是基于一系列城市废弃铁路的轨道改造成的城市生态交通基础设施总体规划项目。这条城市环路绕过城市中心，穿越佐治亚州的丘陵和山谷，具有极其丰富的生态环境。设计团队的目标是赋予这条城市废弃环路新的公共用途，并使其成为城市整体意向中的重要组成部分。

由于亚特兰大城市环路平均宽度较窄，涉及范围有限，为了最大限度地实现线性环路的生态价值，设计团队帕金斯和威尔（Perkins+Will）建筑设计事务所将环路改造成了结合铁路、步行道、车行道的多层次复合空间，并规划在项目实施的 25 年内新增 526hm^2 的新建公园和绿地。设计中改变了常规铁轨底层铺垫碎石的做法，而是用地表植被取代碎石或混凝土铺地；同时，在铁路轨道一侧设置防护林带、步行系统和自行车道，建立城市慢行空间体系（图 6-15）。[126]

除了改变城市形态之外，亚特兰大城市环路产生的最深远的影响之一，或许就是利用城市生态基础设施规划将城市中不同的区域和社会阶层相连通。在富裕和贫穷的社区之间，在过去的工业废弃区和茂密的森林之间，创造出了物质空间和象征意义上的联系。通过一个步道系统，将住宅、市场、教堂和学校连接起来，

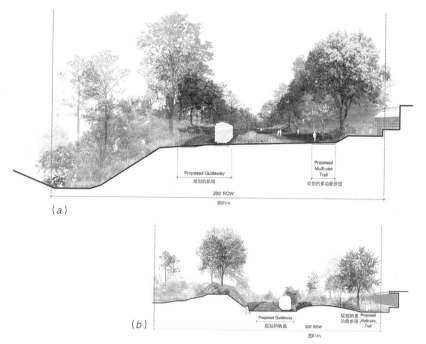

图 6-15　美国亚特兰大城市环路剖面设计
图片来源：Perkins+Will

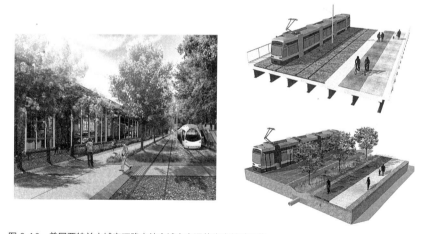

图 6-16　美国亚特兰大城市环路中结合城市交通的生态基础设施
图片来源：Perkins+Will

将景观与城市交通基础设施进行巧妙地结合，作到生态价值最大化的同时，弥合人与社会之间沟通的裂隙，创造一种"无边界"的景观（图 6-16）。

6.3.4 城市交通基础设施附属空间的景观营造

随着城市立体交通的发展，立体交通在一定程度上缓解了城市交通的压力。然而随着交通基础设施在竖向空间上的延伸，以及城市立交系统尺度的扩大，高架及城市立交桥的下层和道路的外围往往出现大量被弃置的消极空间。如何解决城市交通基础设施附属空间的再利用问题已经引起了相关专业人士的重视。城市交通附属空间目前大多处于荒废状态，有着较大的开发潜力，尤其是重要道路节点的附属空间，可以对城市面貌起到很大的提升作用。

在实践进展上，城市交通基础设施的附属空间经历了闲置、商业租赁、改造成停车场和景观绿化等阶段。[127] 对城市交通附属空间进行绿化已经成为人们普遍认同的改造利用方式。

以西班牙巴塞罗那的特里尼泰特立交公园（Parc Nus de la Trinitat, Barcelona）为例。西班牙巴塞罗那环路位于巴塞罗那市东北部，环路项目不仅完成了城市内部路网交通的翻新；同时，通过增加公园和广场，完善了城市生态基础设施网络。其中，Batlle i Roig Arquitectes 事务所设计的特里尼泰特立交公园便是在交通附属空间中营造景观的经典案例。

立交公园的设计是巴塞罗那环路整体改造项目的一部分，处于复杂的城市更新计划中。1992 年，巴塞罗那为了迎接奥运会的举办，建造了城市二环路（Road de Dalt）。在设计中，通过竖向设计将交叉路口的现状进行布局改造，由此为公园建设创造出新的空间。在胡安·若格（Joan Roig）和恩里克·巴特约（Enric Batlle）的设计中，一条环形的展廊将公园分成内外两部分，中央是一处圆形草坪，成排种植的树木和水池环绕中央草坪的开敞空间布局。[128] 高密度种植的植物形成了一道屏障，在隔绝道路噪声污染的同时，围合出一处静谧、平和的空间。此外，设计师考虑到周围居民的健身需求，设计了各类体育设施，形成了一个整合交通中转站、城市公园和体育健身功能的综合体（图 6-17）。

图 6-17　特里尼泰特立交公园

图片来源：Batlle i Roig Arquitectes

6.4 | 改造城市废弃地的生态基础设施

后工业时代伴随着大量城市废弃地的产生，如何处置它们，它们将对城市造成怎样的影响，一直是具有争议的话题。城市废弃地的产生有两个源头：一是来自城市迅速的水平方向扩张（即城市蔓延）；二是来自某种生产力的更新或经济形态（如后工业时代）的变化，而遗留下来的废弃土地。

6.4.1 后工业时代与城市废弃地

20世纪60年代后期，随着后工业时代的到来，部分西方发达国家的产业结构经历了调整。传统的城市生产中心也随之从市中心向郊区迁移，大量的工业废弃地被遗留在城市中。据美国环境保护署（EPA）统计，截至2005年，美国城市内统计出的废弃地和受污染场地达600万处之多。如何处置这些"废弃景观"（Waste Landscape）成为20世纪晚期西方城市发展中最具争议性的研究议题之一。

最初对工业废弃地产生兴趣的是艺术家们，美国的雕塑家、画家哈维·菲特（Harvey Fite）及雕塑家米歇尔·海泽（Michael Heizer）等人，都以废弃的工业采矿场、矿山为基底，创作了雕塑化的大地艺术作品。[129] 艺术家们为工业遗产废弃地的改造提供了艺术化的途径。然而，由于工业废弃地用地类型特殊，常年的工业活动对于土地基质已经造成了日积月累的生态破坏，场地所涉及的环境问题错综复杂；艺术化的改造形式还是较为有限，无法复制，也无法从根本上解决废弃地的污染问题。面对数量如此庞大的城市废弃地和工业遗产，加之以市场为导向的经济发展模式的制约，单独的景观、建筑或规划难以解决与之相关的所有问题，需要更为系统、科学的改造规划，进行全面整合与指导；此时，生态基础设施和景观都市主义的理念成为解决问题的最佳途径。

6.4.2 污染场地的景观修复

污染场地（Contaminated Site）是指由于有害物质的不适当堆积、储存和处置，而导致场地重金属或有机污染物超标，而对生态环境和人类健康产生危害或具有潜在风险的场所。在城市或场地建设的早期，由于缺乏必要性的限制和规划，很多污染源就位于城市中心。这些污染场地的存在带来了双重问题：一方面是环境和健康风险，另一方面是阻碍了城市建设和经济发展。

污染场地按照主要污染源的类型，主要可以分为以下 4 类：

（1）重金属污染场地。主要来自钢铁冶炼企业、尾矿，以及化工行业固体废弃物的堆存场，包括砷、铅、镉、铬等。

（2）持久性有机污染物（Persistent Organic Pollutants，POPs）污染场地。主要包括土壤中残留的农药、杀虫剂等。

（3）以有机溶剂类为主的石油、化工、焦化等污染场地。

（4）电子废弃物污染场地等。

如今，土地开发商对于棕地有着较高的兴趣，甚至舍弃干净的土地而寻求受污染的棕地，其根本原因在于他们能从污染场地中获得更高的总体收益和回报率。但污染场地由于土壤和生态结构的恶化，很多植被难以生长，加之长期处于荒废状态，进行景观修复是一个漫长、棘手的过程。

近十年内，景观设计行业的振兴和人们对于生态基础设施的再认识使得很多污染场地得到了景观修复的可能。代表案例如迈克尔·范·瓦肯伯格景观设计事务所（MVVA）设计的校友谷景观再造项目（Alumnae Valley Restoration），校友谷位于美国韦尔斯利女子学院（Wellesley College）内，工程占地 13.5hm^2，历时 7 年。该地区历史上曾受到污染，景观复原的目的就是通过补救性的净化系统，创建具有生态功能的新景观。

1902 年，F. L. 奥姆斯特德曾被韦尔斯利女子学院内独特的河谷草场和乡土植物群落所吸引，特别强调这些校园的景观特色在未来的发展建设中应该予以保留。但随着校园的扩大，校友谷所在的地方成为学院的设备间和工业天然气泵站，并因此受到有毒物质的污染。1997 年，MVVA 景观设计事务所受聘负责学院的总体规划。设计中铲除了停车场的沥青表面，对于历史原因造成的受到有害物质污染的土壤，通过勘测其污染程度，对被污染的土壤采取了以下三种处理方式：

图 6-18　韦尔斯利女子学院校友谷
图片来源：作者自摄

（1）对重度污染的土壤，挖掘并运到其他地方进行处理；

（2）对中度污染的土壤进行就地收集处理；

（3）对轻度污染的土壤，用优质土加以覆盖，并通过地形的塑造来修建草坪和冰碛丘。

设计在原有的场地地面高度上提高了 6 英尺（约合 1.83m），并形成了一个新的湿地。通过地形和竖向设计，对场地内的雨水进行自我管理。同时，利用人造黏土层密封住受污染的土壤，有效地避免了雨水被污染并渗透进地下。经过改造后的校友谷又恢复了其原始的间歇性湿地面貌。实现了从重度污染的城市废弃地，到改造后的河谷景观的转变（图 6-18）。

6.4.3　工业遗产的景观再造

从 18 世纪末到 19 世纪，景观规划的形成与发展在某种程度上可以说受到了"逆工业化"思潮的滋养，其发展方向与工业化逆向而行。自 20 世纪 80 年代开始，西方大多数发达国家的经济结构发生了巨大变化。面对大片衰败的工业废弃地，在景观都市主义的影响下，将工业遗产与生态基础设施相结合的思想开始成为城市工业遗产改造的重要途径。

自 20 世纪 90 年代起，棕地的概念备受关注。以美国为例，仅 2003 年一年美国就投入了 7000 万美元的建设费，用于推动棕地的景观再造。相比过去对于工业遗留设施拆除、掩饰的做法，如今人们更倾向于将工业时代遗留的基础设施加以保护和改造，使之成为城市生态景观的一部分。这样的做法不仅保留了场地独具的历史特质，也最大程度地利用了工业设施，使之成为人们可以使用的一部分。人们从改造后的场所景观中可以看到工业时代这里曾经有过的辉煌。通过生态改造的介入，如今的郁郁葱葱和废弃时的衰败荒芜形成对比，更增添了场地的魅力，启发人们对于工业和景观的重新思考。

在欧洲，较早的实践案例有英国的铁桥峡谷（Ironbridge Gorge），工业革命开展之初的铁桥遗产被完整地保留下来。德国后工业遗产改造中的领军人物是慕尼黑工业大学的景观专业教授彼得·拉茨（Peter Latz），他自 1990 年开始规划设计了杜伊斯堡风景公园（Landschaftspark Duisburg Nord）。该公园在最大限度地保留了场地中构筑物的前提下，赋予了部分遗留工业构筑物以新的功能：工厂的混凝土墙体可用于攀岩训练，废弃的铁架成了攀援植物的乐园。[27] 杜伊斯堡风景公园为生态基础设施的介入方式提供了一种全新的视角，改变了传统意义上对于工业废弃遗产的审美，成为生态基础设施与工业遗产相结合的经典案例。[130]

在彼得·拉茨的影响下，陆续出现了多个生态景观改造工业遗产的案例，如德国鲁尔工业区改造（Ruhr Region in Germany）。北莱茵 – 威斯特法伦州于 1989 年启动了规模庞大的鲁尔区更新计划，并举办了一系列国际招标，以求获得兼顾生态价值、文化价值和经济效益的规划更新方案。经过近二十年的改造，鲁尔工业区的面貌已经焕然一新，变成巨大的历史和技术博物馆，以及最佳的娱乐休闲地。[131]

6.4.4 景观都市主义的实践

"早期城市设计和区域尺度设计的失败，归根结底是由于对丰富的现实生活的过度简单化处理。好的设计师必须有能力处理微妙的关系，并诗意地制定设计策略。"[10]

——詹姆斯·科纳

景观都市主义的产生背景是当代逆工业化（de-industrialization）过程中对于

工业社会遗留下来的城市、社会、环境问题的思考。当面临因工业化浪潮的退却而遗留下来的城市废弃地时，景观都市主义理念显现了前所未有的适应性和可塑性[65]，为城市形态的塑造提供了更多可能。

纽约高线公园（High Line Park）是景观都市主义实践的代表作品。高线公园由詹姆斯－科纳－菲尔德景观设计事务所主持设计，并与 Diller Scofidio + Renfro 事务所和皮特·奥多夫（Piet Oudolf）合作设计。高线公园位于纽约曼哈顿，场地原址是一条已经废弃的城市铁路及其周边的线性用地。该铁轨曾经是 1930 年修建的连接肉类加工区和三十四街哈德逊港口的铁路货运专用线，总长 2.33km，横贯纽约 22 个街区。自 1980 年弃用后已经荒废多年。

高线公园的核心设计策略是"植—筑"（Agri–Tecture），这种设计思想改变了常规的步行道与种植设计的布局方式，使得植物景观和建筑材料有机地结合起来。硬质的地面铺装和软质的种植草本互相渗透、彼此融合，使得公园中的"图底"关系不断变化，也暗示了植物从铁轨中自然生长的蓬勃生命力。通过设计手法的不断变化创造丰富的空间体验：时而如自然荒野般自由无序，时而如人工设计般精心巧妙。有私密的个人空间，也有聚集性的露天剧场空间，满足了不同人群的多样化使用需求。

遗迹中原有的铁轨得以保留，被用作铺路的材料和景观装饰。设计师将这条工业遗存的轨迹看作一条蜿蜒且能提供各种功能活动的长丝带；在保存历史的同时，融入了更多现代元素。铺装主要采用条状混凝土板，板与板之间留有开放式接缝，植物可以从逐渐变窄的铺装接缝中生长出来，从而形成软质种植与硬质铺装相互渗透的咬合效果。[132] 在种植设计方面，结合铁轨及铺装的纹理，种植了大量耐旱的草本及芦苇，目的是让植物与场地有机地结合在一起；同时，再现高线区因为长期被弃置而长出了野花、野草的感觉。考虑到不同季节中植物的表现力，结合植物的季相变化因素，种植例如美洲冬青、紫荆和其他美国本土常绿植物，使得公园一年四季都有着丰富的色彩变化。公园的步道沿铁轨展开，木质长椅的设计也与铺装紧密结合，如同植物一般，仿佛一切都是从土地中有机生长出来的。

高线公园的设计使得这片区域实现了由城市废弃地到城市开放空间的华丽转身。2009 年 6 月第一期工程面向公众开放时，就收到了如潮般的好评，高线区也慢慢发展成了纽约市主要的旅游景点之一。作为一次景观都市主义的成功实践，高线公园证明了景观在城市和区域发展中所起到的引领性作用，这个依托城市废弃铁道而设计建造的项目，也因其对于场地细腻、诗意的处理，而成为现代城市基础设施改造的经典案例。至2014年高线公园已经成了独具特色的空中花园走廊，三期都已投入使用，在纽约成了十分受人欢迎的休闲去处，即使在冬季也人头攒动。高线公园不仅为纽约市民提供了一处舒缓的游憩空间；同时，它的高人气还带动了周边地带的经济发展，为纽约赢得了巨大的社会经济效益。公园两旁新的楼盘、饭店不断建设起来，这个区域重新恢复了活力。

6.5 | 小结

　　本章主要阐述在场地范围内，城市基础设施与生态相结合的景观构建方法及设计途径。城市基础设施是一个庞大的概念，本章对其进行归纳并将与生态景观相结合的城市基础设施分为以下几类：城市雨水基础设施、城市水岸基础设施、城市交通基础设施以及城市废弃地基础设施。

　　其中，生态雨水基础设施的部分阐述了城市化对于自然水文条件造成的影响及其危害。梳理并总结了当代城市生态雨水管理的相关理论与实践进展；并基于大量笔者实地走访的案例研究，对城市雨水资源化利用的设计途径及应用方法进行分析和阐述，提出基于不同场地特点的雨水资源化利用途径。

　　城市水岸生态基础设施部分对于城市河道、堤岸及水岸附属空间的规划利用进行了探讨。河流作为城市发展历史中极为重要的源泉，在当今工业化的社会中遭受到了严重的污染。本章树立了城市水岸在当代城市基础设施建设中的侧重点，并基于生态修复的理念，结合大量实际案例，对于城市水岸的不同修复途径展开了探讨。

　　城市交通基础设施的研究部分是对城市高速路、公路、高速路周边的附属空间、步行道及自行车道等慢行系统的研究。随着当今城市化进程的加快，交通基础设施面临的压力已严重威胁到人们的正常生活。通过总结欧洲和美国等城市中慢行系统的规划理念及方法，指出建设复合型、多功能、重视慢行系统的交通网络，才是城市可持续发展的必要途径。同时，结合大量实际案例，说明了结合城市景观的复合交通基础设施的设计理念及方法。

城市废弃地作为后工业时代一大城市难题，也在生态基础设施的规划中看到了曙光。本章分析了城市废弃地的起源及特征，并结合德国和美国的案例研究，提出受污染废弃地及工业遗产的景观再造途径。同时，回顾景观都市主义的理念，结合案例，对景观都市主义指导下城市废弃地的生态修复进行了研究。

就研究体系而言，如今宏观尺度下的生态基础设施主要体现在对景观安全格局的规划上，而微观尺度下人工化的生态基础设施设计主要针对单独场地的尺度。目前的困境是区域尺度往往由规划、生态学、保护学等学科展开，而设计尺度则由景观、艺术、设计等学科展开，因此学术阵营和设计侧重导致了在一定程度上存在学科分裂的情况。因而，景观学往往在城市化研究以及结合生态学和设计上显得无能为力。因此，模糊学科界限，创造多样化的景观是生态基础设施发展的必要走向和必然趋势。

第 7 章

生态基础设施的
效益、管理及实施

在《论当代景观建筑学的复兴》（*Recovering Landscape*）一书的前言中，詹姆斯·科纳认为："人们对景观的关注应该从景观看上去怎么样（审美），转变为景观能够做些什么（绩效）"。

在城市建设的过程中，人们往往受到各自利益的驱使，对生态建设有着"高成本"的普遍误解；并且对生态基础设施的效益很难作出量化分析，有些效益需要一定时间的积淀才能凸显；因此，生态基础设施建设常常受到来自各方的阻力。也正因为如此，研究生态基础设施的多重效益及其实施驱动才显得极为必要。

如今世界上有超过一半的人口生活在城市中。因此，城市的人口管理和生态规划已经成为最为紧迫的问题之一。城市生态基础设施可以维系城市生物多样性、土壤侵蚀及水文循环等自然生态过程的稳定；同时，可以通过缓解交通污染、调节空气质量、增进休闲文化和生态教育，促进社会经济发展、约束城市扩张，并保障城市的人居环境质量。[36]

7.1 | 生态基础设施的多重效益

法国国家科学研究中心（Centre National de la Recherche Scientifique，CNRS）的研究员、植物学教授派屈克·布朗克（Patrick Blanc）指出，除了部分沙漠、高山和苔原地带，人类对全球地貌的绝大部分改变都负有责任。[133]

以美国为例，每年对森林、农场等开放空间的开发速度已经远远超过了人口的增长速度，这种蔓延式的随机发展导致了生态环境的破坏和人们生活质量的下降。曾经优美的田园景观逐渐消逝，城市交通堵塞日益严重，以及生物栖息地的丧失、空气和水源的污染等，终将威胁到人类栖居环境的安全。

生态基础设施从本质上讲是城市所依赖的自然系统，能够为城市及其居民持续地提供自然类服务（Narural Services）。这些服务包括食物、洁净的水源、休闲娱乐场所、体育活动场地、动物栖息地，以及审美教育的场所等。

生态基础设施还能有效地调节城市开发与自然保护之间的多重矛盾，在一定程度上起到减小气候灾害、缓解城市化带来的环境问题（如大气污染、热岛效应、水体污染等）的作用。生态基础设施的多功能网络包括生态服务方面的功能和人类服务方面的功能。其中，生态服务方面的功能包括保护生物多样性、生态过程和提供生态服务；人类服务方面的功能包括生态基础设施的环境价值、经济价值和社会价值等方面。具体可归纳总结为以下方面（表7-1）。

生态基础设施在生态服务和人类服务方面的功能　　　　　表 7-1

生态服务方面的功能（生物多样性、生态过程和生态服务）		
类别	具体实例	多重功能
生态群落和其他具有自然属性的区域	国家、地区及地方的郊野公园、自然保护区、狩猎区、本地物种栖息地	保护和恢复当地的动植物群落，丰富生物多样性，保持及恢复区域的自然生态属性，作为野生动植物栖息地
流域及水资源	城市外的溪流和湖泊、湿地、泛滥平原、地下水补给区	保护和恢复水资源质量，为水生动植物和湿地有机体提供栖息环境
具有生态价值的生产性景观	具有本土栖息地和自然属性的林地、牧场和农场；具有恢复生态潜在价值的生产性景观	作为网络成分的连接和缓冲，提供食物、水等物质资源和野生动植物栖息地
人类服务方面的功能（环境服务、社会和经济价值）		
类别	具体实例	多重功能
游憩和健康资源	城市公园、绿道、城市广场	鼓励积极的生活方式，为户外运动创造空间，连接人与自然，人与社区，提供可选择的交通方式
文化资源	历史及考古遗址、文化保护景观、教育场所和设施	保留人类和文化遗产交流的通道，通过"自然"教室进行参与式教育，保护文化遗址的完整性
绿色增长点和社区资源	绿带、景观节点、社区开放空间和绿地、具有生态资源价值的发展性用地	指导增长模式，创造吸引人的视觉景观，增强发展性质，建立怡人的社区空间，吸引和保留商住用地
水资源	城市内的溪流和湖泊、湿地、泛滥平原、地下水补给区	保护城市水资源的质量，管理雨洪，为区域湿地分洪提供场所
具有经济价值的生产性土地	农场、果园、菜田、城市农业用地	生产性土地既能提供经济价值，也是一个教育场所；保持乡村性质和传统的同时，支持经济发展

城市的生态基础设施中的自然及人工元素包括森林、城市开放空间、湿地、绿道、公园以及河流廊道等，这些内容属于或模仿自然系统的结构，是具有渗水性地表和支持植物生长的场所。因此，生态基础设施作为一个模仿自然系统的城市"绿地综合体"，具有一定的整体性，可以发挥调节空气质量、水质、微气候以及管理能源等作用。[36]越来越多的证据表明，优质的生态基础设施规划和实施能够在环境、经济和社会三个方面产生广泛的效益。

7.1.1 生态环境的层面

1. 适应和减缓气候变化

（1）减轻洪水灾害损失

在城市建设过程中，过度地砍伐森林，破坏生境，会使得流入河流水域的沉积物增多，造成河道萎缩，鱼类、鸟类等各种野生动物栖息地的丧失，最终使得区域内的整体生态环境遭到严重破坏。以曾经有着大面积植被覆盖的赤道国家海地（Haiti）为例，对森林和土地资源的过度开采造成国家由曾经郁郁葱葱的美丽岛国变成如今森林覆盖率不到1%的"加勒比海沙漠"。由于缺少植被，泥石流、山洪等灾害在这个国家频频发生，仅2004年一年就夺走了四千多人的生命。另一个案例是1993年密西西比河和密苏里河区域发生的特大洪水，究其根本原因是人们为了适应农业发展和城市建设而大规模地人为改造当地水系。人们建造硬质堤坝来控制水流方向，增加了城市河道的压力，导致在决堤时刻洪水的瞬时强度大大增加。与此同时，和中世纪的生态环境相比，近八成的湿地因在城市建设中被改作建设用地而消失，这也无形中增加了河道的压力和洪水暴发的可能性。

森林和湿地本身具有涵养水源，保持水土的能力，能有效地减弱暴雨净流量，使得城市堤岸更具弹性，从而降低洪水的发生频率。植物能够吸附大量的水分，且植物的根系有助于稳固场地的表层土壤，减少土壤沉积物迁移对河道的影响。有数据表明，被植被覆盖的地表区域和被城市铺装覆盖的地表区域相比，前者能够储存更多的洪水。

相比之下，生态基础设施的保护能大大减少洪水等灾害所带来的损失。以红树林为例，红树林有相互盘结的庞大根系，能将彼此和海岸线绑定在一起，从而有效地减小陆地受到风浪袭击的强度，是一种抵御暴雨和飓风灾害的弹性水岸，这种生态基础设施的解决方法远比人为建设的堤坝更有效，更可持续。如泰国的普吉岛制定了严格的红树林保护政策，使得海啸发生时对海岸线的破坏比地球上的其他滨海地区要小得多。

（2）应对气候变化

环境部门曾指出，若温室气体的排放不能得到有效遏制，到2080年，海平面将会上升67cm，威胁到低海拔沿海地区近9.5万居民的生命安全。[134]气候变化的趋势是不可避免的，因此风景园林师必须学会适应这种变化并积极应对，生态基础设施就是最为有效的防御途径之一。

城市区域中的植物就相当于"城市的肺"。植物作为生态基础设施的基本元素，具有强大的降低碳排放的能力。据调查，在芝加哥，城市森林的植物每年能够吸收15t二氧化碳，89t二氧化氮，191t臭氧以及212t大气悬浮物。生态基础设施对于碳的吸附，能够在一定程度上缓解全球温室效应，是应对全球气候变化的有效途径之一。

（3）缓解城市热岛效应

城市热岛效应指在城市化过程中，由于人为改变了地表的自然属性，加上材料、湿度、空气对流等因素，导致白天城市区域的温度普遍高于周围郊区，夜晚又逐渐回落的现象。由于城市化速度的加快，城市建筑群密集、柏油路和水泥路面比郊区的土壤、植被具有更大的吸热率和更小的比热容，使得城市地区升温较快，并向四周和大气中大量辐射，从而造成城市热岛效应。

研究数据表明，生态基础设施能有效地缓解热岛效应：与水泥或沥青路面相比，在树冠覆盖的阴影区域，地表温度往往可以降低9～13℃。此外，绿色屋顶也能大大降低周围空气的温度。在炎热的夏季，常规屋顶表面的温度能达到50℃，甚至更高；而绿色屋顶则能有效地降低屋顶温度。[135]

以英国伦敦的相关研究为例，该城市在2003年夏季经历了一场热浪。相关气候统计表明，在日落两小时后，伦敦市中心和城市周边乡村的地表温度相差9℃。[136]尤为引人注目的是城市中的两处清凉之地——海德公园和汉普特斯西斯公园，其周边温度明显低于市区平均温度。这充分说明生态基础设施可以有效降低所在区域周边的温度，缓解城市热岛效应。

2. 保护生物多样性

生态基础设施的概念最初由联合国教科文组织提出的时候，所针对的内容之一就是自然景观和腹地的持久支持能力，并在欧洲广泛用于生物多样性保护领域。通过对自然栖息地的分析和保护方法，生态基础设施极大地保障了生物多样性的延续以及野生动植物足够的生存空间。此外，生态基础设施通过连接栖息地，保障了动物迁徙的顺利进行，这也是有效维持物种种群延续的关键之一。

在生态基础设施构建的过程中，人们通过 GIS 等工具进行研究、叠加分析、确定生态敏感度较高的地区，并对其加以保护，将人类开发造成的栖息地破碎的程度降至最低，也为野生动植物提供了多样的生存环境，保证了基因的延续。

相关立法议案的有力支持是使生态基础设施实现生物多样性保护的有力支撑。以美国为例，联邦政府作为最高决策层，最先通过《濒危物种法》和相关立法，随后各州域及地方政府也分别出台各自的相关法律，对城市生态基础设施及生物栖息地的重要性进行分析。如马里兰州和佛罗里达州的绿色基础设施评估项目，都是由政府组织开展的。

7.1.2 经济和社会的层面

1. 生态基础设施的经济价值

（1）环境保护方面的经济价值

生态基础设施在保持水土和洁净空气方面所具有的价值也往往超乎人们的想象，其建设成本也比传统工程技术措施要低。美国加利福尼亚州城市森林研究所（California Urban Forests Council）的相关统计数据表明，每一万株树木每年都会吸收大气中至少近万吨的二氧化碳。以美国的萨克拉门托市为例，该市种植的 20 万株树木每年在污染治理上可以为纳税人节省近三百万美元。[20]

此外生态基础设施在雨洪管理方面也有着巨大的经济价值，大到国土范围内的自然生态区域，小到街边的雨水花园，都是具有吸纳雨水、涵养水源的能力，可以免去修建雨水基础设施的大笔费用；同时，减少洪涝灾害发生的概率及其造成的生命财产损失。美国农业部（USDA）的森林服务（U.S. Forest Service）部门的研究表明，城市中一株 50 年树龄的树木每年能够在保护空气方面节省 75 美元，在雨洪管理和防止土壤侵蚀方面节省 75 美元；同时，具有为生物提供栖息地等不可估量的价值。由公共用地基金会（The Trust for Public Land）提供的关于费城公园系统的评估报告显示，每年生态雨水基础设施所贡献的环境

效益是其维护费用的 100 倍以上。[137, 138]

（2）生态基础设施与农业生产

在城市中心，土地的价值极为宝贵，因此应该充分发挥每一处空间的价值，包括基础设施所蕴藏的农业和经济价值。随着粮食等食品安全问题的恶化和人们对于粮食需求的不断扩大，目前人们更倾向于结合城市用地进行农业发展。在充分利用城市空间的同时，减少大量运输食品的费用。

城市基础设施与农业生产相结合的模式也在经济上起到了良好的收益。结合建筑屋顶、立面等部位进行设计的城市农业景观，不仅为基础设施提供了一定的生态效益，也提供了经济和社会效益。以美国芝加哥盖瑞康莫尔青少年中心（Gary Comer Youth Center）屋顶花园为例，该农业基础设施景观不仅为城市每年提供蔬菜、鲜花和水果，更为附近的青少年儿童提供教育的场所。

（3）生态基础设施作为经济增长的催化剂

高质量的城市绿色空间能够刺激房产价格增长，并通过吸引游客、消费者、从业者与投资，为周边地区带来有效的经济效益。同时，城市开放空间也增加了房地产的经济价值。美国全国房地产商协会（United States National Association of Realtors）的调查显示，拥有步行及自行车道的城市慢行系统，是进行房产开发时最能提升土地价值的有利条件。此外，在其他条件相同的情况下，有城市绿色开放空间的居住区房屋售价要远高于其他区域；据统计，城市绿色开放空间可将其周围区域的房地产价值提升 5% ~ 7%，在某些案例中甚至达到了 34%。

例如，位于英国英格兰西南区域布里斯托尔市（Bristol）的皇后广场（Queen Square），经过 2003 年的规划改造后，已成为一个著名的商业区。其中，能够俯瞰皇后广场的住宅售价比其他地方相同条件的住宅高出至少 16%。[139] 类似的案例不胜枚举，如纽约中央公园周边的房价在很大程度上受到绿地开放空间的影响。

此外，城市中生态基础设施元素——如城市公园、都市绿道等——具有吸引商业投资，推动城市建设的巨大潜力。如佐治亚州奥古斯塔市的萨瓦纳河（Savannah River）散步道项目，该项目投资了 800 万美元，但河道对于区域环境的整体改善却吸引了高达 1.98 亿美元的投资[20]，提高了整体就业率，很大程度上拉动了当地区域经济的发展。同样的案例还有美国纽约的高线公园，高线公园分别在 2009 年建成一期，2011 年建成二期，2014 年建成三期。三期工程总投资为 1.53 亿美元，开放的公园部分投资为 6680 万美元。将废弃的高架铁路空间改造为穿过曼哈顿的线性空中花园，成为国际设计界工业遗迹再利用的典范。[140]公园建成后，其周边地区成为纽约市增长最快、最有活力的社区。大批商家开始沿着高线公园的区域开设店铺，10 年间人口增长 60%，带动投资超过 20 亿美元。在吸引投资的同时，被带动的周边区域也为城市提供了更多就业岗位，新增了 12000 个工作机会，激活了整个区域的经济发展。与之相应的，英国西北自然经济组织（Natural Economy Northwest）发起的调查证实了生态基础设施在促进区域经济的繁荣与稳定方面能够带来多重效益。该调查结果表明，西北地区的生态基础设施产生了近 260 万英镑的经济增加值，并在环境与相关领域中支持了 10.9 万个工作岗位。[139]

因此，生态基础设施对于区域环境的改善能够帮助该地区吸引并保持高价值的商业贸易，提升社会就业率。高质量的生态基础设施是拉动区域发展的重要因素之一，在改变一个地区的过程中，被认为是吸引投资的关键因素。

2. 生态基础设施的社会价值

生态基础设施的建设为城市提供了良好的整体环境，为城市居民提供了更多亲近自然和户外锻炼的机会，可以促进人们的健康发展。同时，城市绿地具有吸附粉尘和有害气体的能力，去除空气中的灰尘和微粒[141]，从而减少各种疾病，如心脏病、哮喘，以及肺癌的发病率。此外，城市绿色空间还可以激发社区的凝聚力，提升家园的归属感。

目前，人们的过度肥胖和缺乏锻炼已经是西方很多国家的社会性问题。英国文化传媒与体育部的研究表明，若参加体育锻炼的人数增加 10%，则每年政府将减少 5 亿英镑的医疗投入，同时减少 6000 个生命的不必要死亡。增加体育活动的水平将有助于预防或管理超过 20 种疾病，包括冠状动脉心脏疾病、糖尿病、某些癌症和肥胖症。在英国，每年其国民医疗保障制度单是治疗中风患者就花费了 28 亿英镑之多，而体育锻炼能够减少 1/3 患上中风的风险。[142]绿色空间还可以改善心理健康状况，对心理健康产生积极的影响。通过亲近自然，人们可以获得愉悦的心情并减少焦虑。适当运动在治疗抑郁症中所起的作用与药物治疗同样有效，并能够帮助老年人保持独立生活的能力。

户外开放空间还能促进儿童的健康发展。在现代社会中，儿童亲近自然的机会相比过去已大大减少，随之而来的是儿童的过度肥胖问题。在有条件进行户外活动的情况下，儿童会更活泼健康地成长，减少过度肥胖的可能。

生态基础设施中所包含的城市开放空间、公园绿地、绿道和城市慢行系统等，都为市民锻炼提供了场所，有益于提升市民的身心健康。在生态基础设施的健康效益方面，起到决定性因素的往往是开放空间的可达性。在选择健康设施时，人们更倾向于使用距离较近的开放空间和绿地；因此，在规划中关注绿地可达性的问题就极为重要。

7.2 | 生态基础设施的 管理和维护

　　生态基础设施是一项长期的战略，图纸上规划的完成并不意味着结束，规划制定后还要进行长期的管理和维护，而管理和维护又往往决定了生态基础设施建设的成败。

　　土地资源管理在人类社会的发展中有着悠久的历史，但往往土地所有者和政策制定者为了狭义的目的而采取相应的管理措施，其影响是难以预料的。如：为了解决某一特定的环境问题而引入外来物种，往往会带来物种入侵的灾害，破坏本土物种的自然栖息地。因此，必须采取全面而系统的生态方法，将自然资源作为一个相互联系的整体来看待，从而综合地管理土地和水资源，而不是仅仅局限于单片用地以及单一物种或元素。

　　生态基础设施的管理宏观到区域，涉及各层级政府和部门之间的协作配合；微观到个人，可以影响我们对待自家房子和后院的态度；这些都对自然环境有着重要影响。制定完善的管理与维护体系有利于生态基础设施规划设计后项目的落实，有助于人们以长久的方式保护规划设计的成果，保护后代人享用地球上的自然资源和美好环境的权利。

7.2.1 生态基础设施的管理方法

1. 生态系统管理

　　生态系统管理是在对生态系统的组成、结构、功能和过程加以充分理解的基础上，制定适应性的管理（Adaptive Management）策略，以恢复或维持生态系统的整体性和可持续性。生态系统是一个有机复合体，包括了系统本身以及构成周边环境的物理因子。他们形成了所谓的生物体所赖以生存的环境，即广义上的生物栖息地。因此，从生态学家的角度来说，生态系统就是自然界的基本组成单位。

从生态基础设施管理的角度来说，生态系统管理是在生态系统内部组成成分（包括生物和非生物）之间关联性的基础上，对其格局和过程加以人为管理的理念。无论范围大小，生态系统都可以在分析其内部组织的关联性后，将其视为一个整体来管理。其核心内容有以下几点：

（1）生态系统是动态的、不断变化的，且有一定的自我修复能力；

（2）生态系统在组织层次上具有空间性和时间性；

（3）生态系统存在经济和社会限制，需要跨越行政及政治边界；因此，需要政府组织和私营企业、机构之间的通力合作；

（4）生态系统的完整性只有通过保护和恢复生态系统的多样性及其功能而得以实现；

（5）记录结果并评估是生态系统管理的关键。

在宏观尺度下，生态系统的方法几乎可以全部应用到生态基础设施的管理中；并且二者都以环境发展之间的可持续性为前提，不仅包括物质生产的可持续性，也包括生态系统服务的可持续性。

2. 流域管理

流域的概念最初是由英裔美国地理学家约翰·卫斯理·鲍威尔（John Wesley Powell）提出的，即是指"一个由水文系统的边界形成的土地，通过共同的水文过程，形成不同生命之间的彼此联系。"流域管理（Watershed Management）又称流域治理、流域经营、集水区经营。其概念是：为了充分发挥水土资源及其他自然资源的生态、经济和社会效益，以流域为单元，在全面规划的基础上，合理安排农、林、牧、副各产业用地，因地制宜地制定综合治理措施，对水土及其他自然资源进行保护、改良与合理利用。[143]

流域是以自然为边界的独立景观体系，因此生态基础设施在流域管理上发挥着关键性的作用。生态基础设施所涉及的体系包括森林、自然湿地、城市水岸等，对流域水质和栖息地的保护都有着极为重要的影响。同样的，河岸廊道也能够保护大部分生态基础设施网络中的廊道要素；因此，流域管理和生态基础设施管理是相辅相成，密不可分的。

与生态系统管理一样，流域管理也常常会遇到行政边界与流域边界不一致的问题。特定的流域和区域可能常常由不同的政府和不同级别的机构所管辖，且由于各自不同的目的，导致一些规划会推动生态系统的良性发展，而另一些则会对生态系统造成不同程度的破坏；因此，更需要不同政府、部门和层级之间的多方合作。如《切萨皮克湾流域协议》（2014年）的签署，切萨皮克湾流域所在各州——特拉华州、马里兰州、纽约州、宾夕法尼亚州、弗吉尼亚州和西弗吉尼亚州的州长，以及哥伦比亚特区、切萨皮克湾委员会和美国环境保护署（EPA）等多方政府、机构，基于可持续开发的标准，制定了应对切萨皮克湾水资源污染的协议。

3. 公众参与管理

市民和公众组织的参与都是推动生态基础设施建设的重要力量之一，这表现在初期的规划制定、生态基础设施的建设过程，直至后期的维护管理等诸多方面。从大量已建成的生态基础设施项目来看，公众及公益组织的参与在管理与维护方面起到巨大的推进作用。

宣传教育是公众管理中的一个重要方面，有时只需简单地宣传生态基础设施的益处就可以大幅减少人类使用过程对自然资源的影响。公益广告、教育研讨会、科普宣传册以及科普告示牌等都可以作为对公众进行宣传教育的途径。环境教育可以鼓励人们加入到土地保护和管理维护中，大大提高建设和管理效率。如澳大利亚、新西兰和世界上许多其他地区，都发展了基于"土地保育"（Landcare）概念的环境保护行动，澳大利亚甚至成立了"澳大利亚土地保育"（Landcare Australia）的公益机构，致力于鼓励公众参与可持续的自然资源管理和利用。

美国费城的生态雨水基础设施建设中，为了鼓励公众的参与和管理，制定了相关政策的激励引导，修订了对雨水管理的收费方式。过去，雨水管理费是基于场地的水表流量；以这样的收费方式，4万个用户包括很多停车场由于没有水表而无须缴费。2013年费城水务局颁布了新的"雨洪管理服务费与积分项目调整方案"。在新方案中，计算雨洪管理的费用有两个参数：建筑用地总面积及不透水区域的面积，通过物业的建筑用地总面积和不透水区域的土地覆盖面积来计算，把物业自身产生的雨水径流作为雨水管理收费的依据。通过生态雨水基础设施建设，场地内的所有人都能够减少雨洪管理服务费的支出。

7.2.2 管理的体系流程

生态基础设施的管理体系受环境、政策、群体等多种因素的影响，因此很难有放之四海而皆准的标准化流程模式，必须因地制宜，针对具体项目和环境来进行制定。但总体而言，管理的大体步骤通常包括：明确并建立管理团队，分析现有资源、制定管理目标，制定并评估达到既定目标的各种管理策略并选择最优选项，后期观察和监督并统计相关结果，最后运用所获得的反馈信息，去指导管理策略的改进。

7.3 | 生态基础设施的实施驱动

7.3.1 多学科的协同合作

在传统的基础设施规划中，往往存在着学科之间的割裂现象，项目从规划到设计由不同的部门、团队完成，缺乏整体的协同合作。如在城市水岸建设中，河道用地和周边区域的规划由城市规划部门完成，河流污染防治由环保部门完成，河道防洪基础设施规划由水利工程师完成，接下来才是景观设计师进行滨水绿地设计。[129] 由于缺乏多学科的整合与协调，使得各步骤之间很难衔接，项目建成后往往离最初的预期有着较大差距，各学科也都难以发挥出最大价值。

生态基础设施，尤其是宏观尺度的生态规划，其内容涉及生态、地质、环境、水文、生物、经济和政治等诸多学科；因此，在规划初期，就应将城市规划、区域发展、基础设施建设、环境保护等诸多方面当作一个整体系统进行考虑。组建整合各个学科的规划团队，由不同专业背景的人员进行交流和研讨，在整合学科的基础上，综合地看待问题。

多学科的协同合作应该在规划之初就确定展开，从而最大限度地发挥不同专业领域的优势。而生态基础设施的规划建设仅仅通过景观设计行业也是无法全面落实的，只有在多学科合作的模式中，通过规划、建筑、生态、经济、工程和政策指导的多重背景，才能得以顺利实施。

7.3.2 政策法规的引导和约束

法律法规的引导和约束是生态基础设施规划实施的重要推动力量。对于土地所有者和开发商来说，由于生态基础设施效益和自身利益的矛盾冲突，开发商往往更倾向于直接的经济回报而忽略其环境价值。此时，法律法规作为硬性的建设要求，对于城市用地开发起到了引导和约束作用。

以美国为例，目前美国联邦已颁布的和生态基础设施相关的立法有 14 部以上，其中：针对土地保护的相关计划有：《土地休耕保护计划》（*Conservation Reserve Program*）、《保护性土地保育计划》（*Conservation Reserve Enhancement Program*）、《安全保育计划》（*Conservation Security Program*）等，主要内容是土地资源保护与农业用地开发的协调；针对生物多样性的相关计划有：《濒危物种法》《鱼类和野生动物协调法》（*Fish and Wildlife Coordination Act*）等，主要内容是对野生动物栖息地的保护；针对水资源污染与保护的相关计划有：《清洁水法》《安全饮用水法》（*Safe Drinking Water Act*）等，主要内容是水污染防治标准。

在州域范围内，生态基础设施规划的运作实施往往也是由相关政府机构发起。在联邦立法的基础上，制定各自的城市生态规划法则。如 2001 年的《加拿大城市绿色基础设施实施导则》（*A Guide to Green Infrastructure for Canadian Municipalities*）。

7.3.3 社会公众的参与

市民和公众组织的参与都是推动生态基础设施建设的重要力量，这不仅表现在后期的维护管理上，更体现在规划制定前期的参与上。公众参与包括市民及部分公益组织的参与，他们相比设计师，对城市区域的面貌背景有着更为深刻的了解；同时，其建议也最能反映使用者的需求。因此，市民在整个过程（包括规划和实施）中的参与，对于生态基础设施项目而言十分重要。

公众参与在理论上简单，但操作起来却存在诸多困难：由于现代社会中人与人之间的疏离感增强，很多社区正逐渐丧失邻里交往的联结感；此外，人们身份背景的不同往往导致不同观点的产生：发展派与保护派的分歧、老辈与晚辈的分歧，等等。尽管如此，公众仍会趋向于一些重要的共同目标，正是这些共同的目标使生态基础设施规划得以在正确的目标指引下实施。

7.4 小结

本章对生态基础设施的效益、管理及实施进行了阐述。

生态基础设施有着生态服务、人类服务等多方面效益；然而由于其效益很难量化衡量，所以人们往往对其有着高投入、低产出的误解。正确地认识生态基础设施的多重效益，可以极大地推动其在城市建设过程中的发展。

本章从生态环境层面和经济社会层面，结合欧洲、美洲的大量实际案例及数据，阐述了生态基础设施的多重效益。

在生态环境层面，生态基础设施能够适应气候变化、减少城市洪涝灾害、缓解城市热岛效应、保护生物多样性及栖息地等。在经济和社会层面，生态基础设施的价值可以归纳为直接效益和间接效益两类：其中，直接效益包括减少城市基础设施的压力和对于生态环境保护的投入，为城市提供农业种植用地及食物等；间接经济效益包括通过生态环境的整体改善，带动区域的整体发展，增加房地产的附属价值，促进商业聚集等。在城市面貌的层面，城市开放空间的合理规划可以为市民提供更好的休闲娱乐空间，促进体育锻炼，减少疾病威胁。同时，城市景观环境的改善也成为应对西方后工业时代城市收缩问题的对策。

对于生态基础设施的管理，本章提出了三种欧美国家目前普遍采用的管理方法：生态系统管理、流域管理以及公众参与管理。基于对大量生态基础设施管理项目的研究，总结出其管理体系和常用流程。

最后提出了生态基础设施得以顺利推行和建设的驱动因素，包括多学科的协同合作、政策法规的引导和约束，以及社会公众的积极参与。

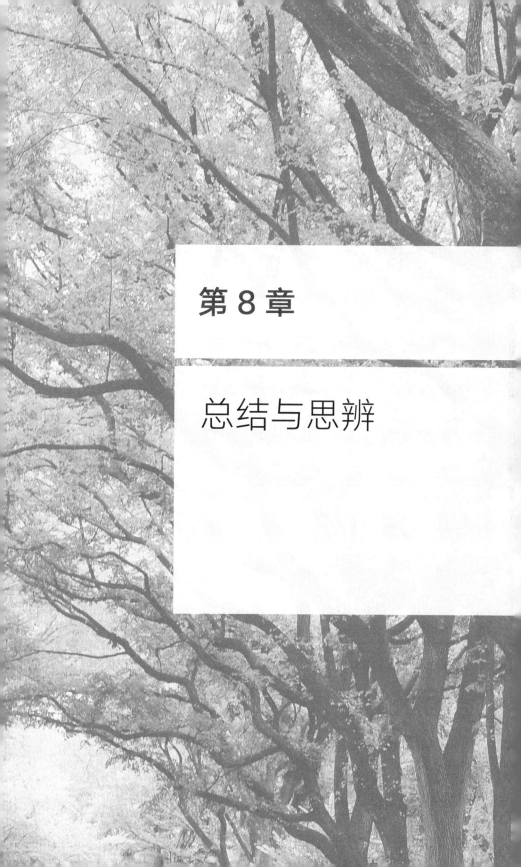

第 8 章

总结与思辨

8.1 | 主要观点与结论

从本书涉及的研究范围来看，研究内容主要集中在欧洲和美洲两个大陆；从研究对象的时间上看，跨越 18 世纪中期、19 世纪，直至 21 世纪。

作者在大量文献查阅、案例研究和实地调研的基础上，通过归纳总结和对比论证，对于西方现代城市生态基础设施规划的理论与实践发展进行了系统的研究，得到如下基本观点和主要结论：

（1）从风景园林的角度重新定义生态基础设施，提出三点生态基础设施的判定依据：减缓灰色基础设施压力，有益于环境的可持续发展，有益于生态价值的最大化。

（2）自 19 世纪以来，生态主义思想在城市规划进程中的发展可分为 4 个阶段：萌芽期、革新探索期、理念提升期及兴盛期。通过上述 4 个发展阶段逐层深入的发展，确定了如今的城市生态基础设施的理论体系。

（3）提出城市生态基础设施网络体系的 6 点内涵：连通性、多功能性、弹性、栖息地属性、独特性及投资回报性。

（4）提出了宏观区域尺度内生态基础设施总体规划的流程，并给出从确定目标、收集数据、评定优先级到规划改变的具体途径。

（5）提出生态基础设施在宏观层面作为景观安全格局的分析方法，结合景观生态规划中的概念，结合案例阐述生态空间安全格局分析的途径。

（6）归纳生态基础设施在中观层面构建城市生态网络的途径，提出在生态基础设施网络的构建中应注重其多功能和多维度的特性。

（7）在微观层面，阐述生态基础设施与雨水管理、城市河道、城市废弃地、城市交通等人工基础设施相结合的具体设计方法。提出生态基础设施是应对后工业时代城市问题的绿色解决途径。

（8）总结生态基础设施在生态环境、经济和社会三个方面的效益，结合案例和数据阐述其在适应气候变化、改善城市环境、振兴区域经济、提高生活品质等方面的重要意义。

（9）提出生态基础设施的常用管理方法：生态系统管理、流域管理和公众参与管理，归纳出生态基础设施的管理流程体系。

（10）结合中国国情及国内生态基础设施的研究进展，提出西方生态基础设施规划设计的理论与实践对我国生态城市建设的借鉴和启示。

8.2 | 我国生态基础设施规划建设的发展与启示

8.2.1 我国生态基础设施规划中存在的问题及影响因素

改革开放后，中国经济的快速增长和日益加快的城市化进程，使得我国很多城市在短时间内就完成了西方国家几个世纪的城市建设历程，但因此也浮现出城市急速建设中的诸多问题：城市生态环境的恶化、基础设施所面临的巨大压力和人们生活质量的下降等。

我国 2013 年的政府工作报告指出，截至 2012 年底，中国城镇化率已达 52.6%。[144] 中国只用了 60 年的时间就实现了城镇化率从 10% 到 50% 的发展过程。城市化率在短时间内的大幅度增长为城市经济带来了巨大的收益；同时，也给城市的气候环境和社会问题带来了严重的负面影响：空气污染，中国正被卷入一场覆盖了 25 个省市和 6 亿人的大雾霾；交通日益恶化，汽车行业的快速发展远远超出道路基础设施的建设速度；热岛效应严重，城市下垫面的改变使夏季屡屡出现高温预警天气；此外，人口膨胀、能源短缺、环境污染、交通拥堵等问题已经不容忽视。

目前我国面临的雾霾污染中，大部分污染物颗粒来自于煤和油等化石燃料的燃烧。在号召群众绿色出行的同时，城市的交通基础设施是否为绿色出行提供了条件？国内目前有完善的城市慢行系统的城市较少，北京、上海等大城市更是严重缺乏完善的城市绿色空间体系。因此，探究我国城市的环境污染问题，生态基础设施的不完善也是重要原因之一。

在目前国内的生态基础设施建设过程中，主要存在以下几点问题：

（1）法律法规体系中缺乏关于土地开发和生态建设的要求

在我国生态基础设施推行的最大软肋是缺乏相关的政策法规支撑。目前，我国城市建设的速度极为迅速，土地开发者往往只注重短期利益，且缺乏对于生态基础设施的全面认识，不愿在生态保护方面投入资金。由于缺乏法律法规的硬性限制，导致了我国很多城市或地区存在无序开发、肆意蔓延的情况。

（2）盲目地强调功能资源的高效集中

集中的资源可以使城市基础设施的利用效率更高，但这也是有一定限度的。当城市的承载量超过了基础设施的负荷限度，就会对城市生态系统产生较强的破坏性，这也正是我国近年来多地出现雾霾等气象灾害的根本原因。

（3）城市生态基础设施规划缺乏多学科的整合

生态基础设施是一门结合城市建筑、规划、水文、气象、政策等多方面因素的复合学科，因此在规划初期，就应有多部门的参与。而我国的规划往往固守流程，部门与部门之间的沟通合作存在严重的割裂现象。

综上所述，我国生态基础设施规划建设中的主要问题是缺乏相关法律法规的支撑、盲目地强调功能资源的高效集中、缺乏多学科的整合等。生态基础设施规划在我国还处于发展的初期，因此还有相当长的路要走。

8.2.2 对我国建设生态城市的启示

中国当前面临高强度的城市化进程，城市发展与环境保护的冲突日趋加剧，国土及城乡生态安全面临挑战，制定具前瞻性的生态基础设施规划有着重要的战略意义。

生态基础设施的概念不仅提供了一种新的视角，也蕴涵着新的规划方法论。西方19世纪后，生态基础设施建设成果斐然，取得了大量理论和实践进展。但由于我国与西方国家存在土地环境、社会政治、产业经济、文化思想、哲学背景等诸方面的差异，对于西方的理论成果也不能一味照搬。应当辩证地汲取经验；同时，针对我国的具体国情，探讨出适应中国发展的生态基础设施规划体系。

但就理论和规划实践而言，西方的生态基础设施规划模式，还是为我国城市建设过程中的空间和环境保护发展提供了一套可供参考的方法。因此，在总结西方生态基础设施发展和我国城市生态规划特点的基础上，可以得出以下几点启示：

（1）前瞻性的生态规划是城市发展的保护框架

生态基础设施作为保护工具时，可以帮助确定保护的优先次序；作为规划工具时，可以为城市做未来生态网络空间的前瞻性规划。因此，生态基础设施应在城市开发建设前被规划和保护，其规划的制定也应基于未来几十年甚至几百年的发展。

经常有人感叹于英国、德国等欧洲国家庞大的地下排水体系。殊不知在18世纪，英国也是由于市政基础设施发展跟不上城市人口的增长幅度，卫生条件极为糟糕，垃圾遍地、水体污染，最终导致流行病肆虐，直至三万多英国人在霍乱中被夺去生命。在经历挫折后，英国开始改造城市排水系统，建设纵横交错的大规模地下排水系统。因此，城市的可持续发展需要具有前瞻性的市政基础设施和生态基础设施规划。而对于这一点，西方许多城市决策者已有了较为充分的认识。

由此可知，生态基础设施应该在城市开发建设前被规划和保护，发挥保护和开发框架的功能，为未来城市增长提供框架指导。

（2）生态基础设施规划需提升到新的战略高度

在人们的传统观念中，生态基础设施并不像城市中的其他基础设施——道路、建筑、公共设施等那样必要，它往往被称作一种"锦上添花的理想"，而非"城市建设所必须"。

目前我国的生态基础设施规划还属于城市绿地规划的范畴，属于城市规划进程中的附属规划，并不能真正达到指导城市生态文明建设的高度。因此，我国的生态基础设施规划必须提升到新的战略规划的高度，才能体现出整体规划制定的过程中对于生态保护的前瞻性考虑。

（3）完善相关生态指标的管理条例和法律法规

法律法规是生态基础设施规划推动落实的核心和有力支撑，也是西方国家生态基础设施规划得以顺利实施的保障。和西方国家相比，我国目前还缺乏相关生态指标法律法规的制定和对用地开发的制约，从而导致生态基础设施建设不能落实到位。

以雨洪基础设施为例，虽然我国目前对于生态雨洪管理有着大量的文献资料研究。但由于缺乏相关法律法规的限制，各大城市依然存在"理论一大套，形态老一套"的尴尬局面。因此，完善相关法律法规的制定，对于生态基础设施建设的落实将会起到较大的推进作用。

（4）城市绿地规划中需加入对可达性、系统性等指标的评价

目前，我国的城市生态绿地评价指标包括绿地率、绿化覆盖率和人均绿地面积等，但普遍存在绿地分布不均，使用性和可达性较差等情况。因此，在考虑绿地量的同时，也应制定开放空间可达性、系统性等相关指标的评价标准。

（5）生态基础设施的制定需要多部门、多学科之间的通力合作

在费城生态基础设施规划制定的过程中，费城市政府、费城水利局、景观规划事务所、宾夕法尼亚州园艺学会、宾夕法尼亚州自然保护部门和市民代表均参与了规划的讨论与制定。生态基础设施的总体规划依赖多学科的综合和各部门的配合，其中群众的参与也是至关重要的一部分。在我国在生态基础设施规划制定的过程中，更应该多听取群众意见，协调各部门之间的合作，从多学科的综合视角看待问题。

8.3 | 展望

本文以西方 20 世纪发展起来的城市生态理论为基础，针对当今城市基础设施建设与生态景观的结合，从不同用地类型和范围，对生态基础设施的实践途径进行了探讨。然而，由于生态基础设施是一个复杂的跨学科研究领域，其内容涉及城市政治、经济、历史、建筑、交通、生态、水文等诸多方面；因此，全面地介绍生态基础设施的理论与实践是一个非常庞大的课题，很难通过有限的时间认知并概括其内容的全貌。

在当今社会，城市化已经是不可避免的趋势，而田园城市等理想模式中通过限制城市发展而维持环境平衡的模式，在中国这样人口密度高、急速发展的国家注定是不切实际的。因此，比起一味地限制和回避，正视城市生态基础设施的必要性和建设趋势，并对传统城市基础设施的建设模式进行更新和强化，才是当今

城市建设的必然趋势。如今，城市生态基础设施理论体系尚未成熟，但本文通过大量的实践研究，证明了其宝贵价值和广阔的应用前景。此外，本文通过对不同类型的生态基础设施的规划设计方法，进行对比分析和总结，对西方生态基础设施发展的学术领域进行了补充。

随着"生态城市"概念在我国的推进，生态基础设施的规划与建设发展有着不可估量的潜力。我们应该进一步完善相关的知识体系，为我国未来的城市生态化建设提供坚实的理论基础。

参考文献

[1] 吴良镛，吴唯佳，武廷海. 从世界城市化大趋势看中国城市化发展 [J]. 科学新闻，
     2003(17)：3.

[2] 纽约时报. 全球过半人口住在城市，联合国警告城镇化考验 [EB/OL]. ［2011-11-02］.
     http://cn.nytimes.com/world/20140711/c11nations/

[3] 联合国开发计划署. 2011 人类发展报告 [EB/OL]. ［2011-11-02］. http://www.undp.
     org/content/dam/undp/library/corporate/HDR/2011%20Global%20HDR/Chinese/
     HDR_2011_CN_Complete.pdf

[4] （美）克里斯·里德. 基于景观基础设施的城市建设 [J]. 景观设计学，2013(3)：61-63.

[5] 周艳妮，尹海伟. 国外绿色基础设施规划的理论与实践 [J]. 城市发展研究，2010 (8)：7.

[6] New York City Hall. PlaNYC PROGRESS REPORT 2009 [EB/ OL]. ［2011-11-
     02］. http://www. nyc. gov/html/planyc2030/ downloads/pdf/planyc_progress_
     report_2009. pdf.

[7] Maryland Department of Natural Resources. Maryland's Green Infrastructure
     Assessment[EB/OL]. ［2011-11-02］. http:/ /www. dnr. state. md. us / greenways /
     gi / gi. html.

[8] Department of Landscape Architecture，University of Washington，the Open Space
     Seattle 2100 Coalition. Open Space Seattle 2100- Envisioning Seattle's Green
     Infrastructure for the Next Century[EB/OL]. ［2011-11-02］. http://www.asla.org/
     awards/2007/07winners/439_gftuw.html.

[9] 中国青年报. 坚持节约资源和保护环境基本国策 努力走向社会主义生态文明新时代 ［EB/
     OL］. ［2014-07-02］.http://zqb.cyol.com/html/2013-05/25/nw.D110000zgqnb_
     20130525_2-01.htm.

[10] CORNER J. Terra Fluxus[M]//WALDHEIM C，eds. The Landscape Urbanism Reader.
     New York：Princeton Architectural Press，2006：21-33.

[11] （美）刘易斯·芒福德. 城市发展史——起源、演变和前景 [M]. 宋俊岭，倪文彦译. 北京：
     中国建筑工业出版社，2005.

[12] 于冰沁. 寻踪——生态主义思想在西方近现代风景园林中的产生、发展与实践 [D]. 北京：
     北京林业大学，2012.

[13] MARSH, GEORGE P. Man and Nature：Or, Physical Geography as Modified by
     Human Action [M]. Michigan：University of Michigan Library，2005.

[14] ALAN B. Drosscape[M] //WALDHEIM C，eds. The Landscape Urbanism Reader.
     New York：Princeton Architectural Press，2006：187-197.

[15] （英）埃比尼泽·霍华德. 明日的田园城市 [M]. 金经元译. 北京：商务印书馆，2010.

［16］（法）勒·柯布西耶.光辉城市 [M].金秋野，王又佳译.北京：中国建筑工业出版社，
2011.

［17］（美）伊恩·伦诺克斯·麦克哈格.设计结合自然 [M].芮经纬译.天津：天津大学出版社，
2006.

［18］FORMAN R. Land Mosaics: The Ecology of Landscape and Regions[M].Cambridge:
Cambridge University Press, 1995.

［19］WALDHEIM C. A Reference Manifesto[M]//WALDHEIM C, eds. The Landscape
Urbanism Reader. New York: Princeton Architectural Press, 2006: 13-19.

［20］（美）马克·A.贝内迪克特，爱德华·T.麦克马洪.绿色基础设施：连接景观与社区 [M].
黄丽玲等译.北京：中国建筑工业出版社，2010.

［21］BÉLANGER P. Redefining Infrastructure[M]//MOSTAFAVI M, DOHERTY G, eds.
Ecological Urbanism. Baden: Lars Müller Publishers, 2010: 332-349.

［22］REED C. The Agency of Ecology[M]//MOSTAFAVI M, DOHERTY G, eds. Ecological
Urbanism. Baden: Lars Müller Publishers, 2010: 325-329.

［23］BÉLANGER P. Landscape As Infrastructure[J]. Landscape Journal, 2009,
28(1): 79-95.

［24］SHANNON K, MARCEL S. The Landscape of Contemporary Infrastructure[M].
Rotterdam: NAi Publishers, 2010.

［25］WALDHEIM C. BERGER A. Logistics Landscape[J]. Landscape Journal, 2008,
27(2): 219-246.

［26］杨锐.景观都市主义：生态策略作为城市发展转型的"种子"[J].中国园林，2011，27(9): 5.

［27］王向荣，林箐.西方现代景观设计的理论与实践 [M].北京：中国建筑工业出版社，2002.

［28］邬建国.景观生态学——格局、过程、尺度与等级 [M]. 2 版.北京：高等教育出版社，
2007.

［29］俞孔坚，李迪华，潮洛蒙.城市生态基础设施建设的十大景观战略 [J].规划师，
2001(6): 9-13，17.

［30］俞孔坚，李迪华，刘海龙."反规划"途径 [M].北京：中国建筑工业出版社，2005.

［31］杨沛儒.生态城市主义：尺度、流动与设计 [M].北京：中国建筑工业出版社，2010.

［32］Infrastructure.Online Compact Oxford English Dictionary[EB/OL].［2011-11-02］.
http://www.askoxford.com/concise_oed/infrastructure.

［33］维基百科.城市基础设施 [EB/OL].［2011-11-02］.http://en.wikipedia.org/wiki/
Infrastructure.

［34］百度百科.生态基础设施 [EB/OL].［2011-11-02］.http://baike.baidu.com/

link?url=TOxYS3_JXIZbdjRJHVMt1UX-5KHofoGJJk68UJ_PFnul1wWJxKWzhuH0BuTz
uVpeelP5kxgvVlABm1W1KUIARa.

[35] MANDER Ü, JAGONÄEGI J, KÜ LVIK M. Network of compensative areas as an ecological infrastructure of territories[J]. M ü nstersche Geographische Arbeiten, 1988, 29: 35-38.

[36] TURNER T. City as Landscape: A Post-postmodern View of Design and Planning [M]. London: E&FN Spon, 1996.

[37] SANDSTRÖ M, ULF G. Green Infrastructure Planning in Urban Sweden[J]. Planning Practice & Research, 2002, 17(4): 373-385.

[38] OPDAM P, STEINGROVER E, ROOIJ S V. Ecological networks: a spatial concept for multi-actor planning of sustainable landscapes[J]. Landscape and Urban Planning, 2006, 75(1-3): 322-332.

[39] 赵渺希. 大都市区绿色基础设施的规划方法考略 [J]. 风景园林, 2013(6): 155-156.

[40] 乔青, 陆慕秋, 袁弘. 生态基础设施理论与实践 北京大学景观设计学研究院相关研究综述 [J]. 风景园林, 2013(2): 38-44.

[41] (古希腊)柏拉图. 柏拉图文艺对话集 [M]. 朱光潜译. 北京: 外语教学与研究出版社, 2018.

[42] (美)乔尔·科特金. 全球城市史(修订版)[M]. 王旭等译. 北京:社会科学文献出版社, 2010.

[43] CHILDE V G. What Happened in History[M]. London: Penguin Books, 1957.

[44] 朱建宁. 西方园林史——19 世纪之前 [M]. 2 版. 北京: 中国林业出版社, 2013.

[45] BEATLEY T. Green Cities of Europe: Global Lessons on Green Urbanism[M]. Washington, DC: Island Press, 2012.

[46] (美)F. L. 奥姆斯特德. 美国城市的文明化 [M]. 王思思等译. 南京: 译林出版社, 2013.

[47] (美)查尔斯·瓦尔德海姆. 景观都市主义 [M]. 刘海龙等译. 北京: 中国建筑工业出版社, 2011.

[48] MORGAN K N. Charles Eliot, Landscape Architect: An Introduction to His Life and Work [J]. Arnoldia, 1999(2): 4-22.

[49] GREG H. Magnetic Los Angeles : Planning the Twentieth Century Metropolis[M]. Baltimore: Johns Hopkins University Press, 1997.

[50] HISE G, DEVERELL W. Eden by Design: The 1930 Olmsted-Bartholomew Plan for the Los Angeles Region[M]. Berkeley: University of California Press, 2000.

[51] AMATI M. Urban Green Belts in the Twenty-First Century[M]. London: Ashgate

Publishing Limited，2008.

[52] 贾俊，高晶. 英国绿带政策的起源、发展和挑战 [J]. 中国园林，2005(3)：69-72.

[53] TURNER T. CITY AS LANDSCAPE：A POST-POSTMODERN VIEW OF DESIGN AND PLANNING [M]. Oxford：Great Britain at the Alden Press，1996.

[54] 杨小鹏. 英国的绿带政策及对我国城市绿带建设的启示 [J]. 国际城市规划，2010(1)：100-106.

[55] （美）蕾切尔·卡森. 寂静的春天 [M]. 吕瑞兰，李长生译. 上海：上海译文出版社，2014.

[56] JONGMAN R H G, KÜLVIK M, KRISTIANSEN I. European ecological networks and greenways[J]. Landscape & Urban Planning，2004，68(2-3): 305-319.

[57] The Florida Department of Environmental Protection. 1999 Florida Statewide Greenways System Planning Project [EB/OL]. [2011-11-02]. http://www.dep.state. fl.us/gwt/FGTS_Plan/PDF/1999FloridaStatewideGreenwaysSystemPlanningProject. pdf.

[58] The President's Council on Sustainable Development. Towards a Sustainable America：Advancing Prosperity，Opportunity，and a Healthy Environment for the 21st Century[R]，1999.

[59] Center for Sustainable Community Developinent. Green Municipalities：A Guide to Green Infrastructure for Canadian Municipalities [EB/OL]. [2011-11-02].http://data.fcm.caldocuments/tools/PCP/A_Guide_to_Green_infrastructure_for_Canadian_Municipalities_EN.pdf.

[60] BURCHELL R, DOWNS A, MUKHERJI S, MCCANN B. Sprawl Costs: Economic Impacts of Unchecked Development[M]. London：Island Press，2005.

[61] 郑卫，李京生. 论"逆城市化"实质是远郊化 [J]. 城市规划，2008(4)：55-59.

[62] （德）菲利普·奥斯瓦尔特. 收缩的城市 [M]. 胡恒等译. 上海：同济大学出版社，2012.

[63] DANIELS T. Smart Growth: A New American Approach to Regional Planning[J]. Planning Practice & Research，2001,16(3-4): 271-279.

[64] 杨锐. 景观都市主义的理论与实践探讨 [J]. 中国园林，2009, 25（10）：60-63.

[65] 胡一可，刘海龙. 景观都市主义思想内涵探讨 [J]. 中国园林，2009，25（10）：64-68.

[66] KATHY P. Civitas Oecologie：Civic Infrastructure in the Ecological City [M] // GENOVESE T, EASTLEY L, SNYDER D.Harvard Architecture Review. New York：Princton Architectural Press，1998：131.

[67] ROUSE D, FAICP, OSSA I B. Green Infrastructure: A Landscape Approach[M].

Chicago：APA Planning Advisory Service Reports，2013.

［68］ MAKI F，JAPAN ARCHITECT，et al. Investigations in Collective Form[J]. Intensive Care Medicine，2000，26(12)：1837-1842.

［69］ 美国环境保护署（EPA）. 我们的建成环境和自然环境：一项土地利用、交通和环境质量之间的技术观察 [EB/OL]. ［2011-11-02］. http://www.smartgrowth.org.

［70］ 林箐，王向荣. 地域特征与景观形式 [J]. 中国园林，2005，21(6)：9.

［71］ WICKHAM J D, RIITTERS K H, WADE T G, VOGT P. A National Assessment of Green Infrastructure and Change for the Conterminous United States Using Morphological Image Processing[J]. Landscape and Urban Planning，2010，94（3）：186-195.

［72］ 王云才. 景观生态规划原理 [M]. 北京：中国建筑工业出版社，2007.

［73］ BENEDICT，M A，MCMAHON E T. Green Infrastructure: Smart Conservation for the 21st Century[J]. Renewable Resources Journal，2002，20（3）：12-17.

［74］ WEBER T，SLOAN A，WOLF J. Maryland's Green Infrastructure Assessment：Development of A Comprehensive Approach to Land Conservation[J]. Landscape and Urban Planning，2006，77(1-2)：94-110.

［75］ 付喜娥，吴人韦. 绿色基础设施评价 (GIA) 方法介述——以马里兰州为例 [J]. 中国园林，2009 (9)：41-45.

［76］ 邱瑶，常青，王静. 基于 MSPA 的城市绿色基础设施网络规划——以深圳市为例 [J]. 中国园林，2013 (5)：104-108.

［77］ 刘滨谊，张德顺，刘晖，戴睿. 城市绿色基础设施的研究与实践 [J]. 中国园林，2013 (3)：6-10.

［78］ 刘娟娟，李保峰，（美）南茜·若，宁云飞. 构建城市的生命支撑系统——西雅图城市绿色基础设施案例研究 [J]. 中国园林，2012 (3)：116-120.

［79］ 吴晓敏. 英国绿色基础设施演进对我国城市绿地系统的启示 [J]. 华中建筑，2014 (8)：102-106.

［80］ All London Green Grid - Greater London Authority[EB/OL]. ［2011-11-02］. http://www.london.gov.uk/sites/default/files/All-London-Green-Grid-spg.pdf.

［81］ 张晋石. 费城开放空间系统的形成与发展 [J]. 风景园林，2014 (6)：116-119.

［82］ Philadelphia Water Department. Green City，Clean Waters：The City of Philadelphia's Program for Combined Sewer Overflow Control Program Summary[EB/OL]．［2011-11-02］. http://www.phillywatersheds.org/doc/GCCW_AmendedJune2011_LOWRES-web.pdf.

[83] Philadelphia Water Department. Storm Water Management Service Charge Credits and Adjustment Appeals Manual [EB/OL]. [2011-11-02]. http://www.phila.gov/water/wu/Stormwater%20Resources/scaa_manual.pdf.

[84] GRESE R E. Jens Jensen: Maker of Natural Parks and Gardens[J]. Environmental History Review, 1993, 17(3): 102-103.

[85] 俞孔坚. 景观作为新城市形态和生活的生态基础设施 [J]. 南方建筑, 2011 (3): 10.

[86] 王云才, 崔莹, 彭震伟. 快速城市化地区"绿色海绵"雨洪调蓄与水处理系统规划研究 以辽宁康平卧龙湖生态保护区为例 [J]. 风景园林, 2013 (2): 60-67.

[87] 闫攀, 车伍, 赵杨, 李俊奇, 王思思. 绿色雨水基础设施构建城市良性水文循环[J]. 风景园林, 2013 (2): 32-37.

[88] United States Environmental Protection Agency. Green Infrastructure[EB/OL]. [2011-11-02]. http://water.epa.gov/infrastructure/greeninfrastructure/gi_what.cfm.

[89] Federal Interagency Stream Restoration Working Group(FISRWG). Stream Corridor Restoration: Principles, Processes and Practice(1998). USDA: Washinton[EB/OL]. [2011-11-02]. http://www.nrcs.usda.gov/technical/stream-restoration.

[90] Odefey, Jeff, et al. "Banking on green: A look at how green infrastructure can save municipalities money and provide economic benefits community-wide." A Joint Report by American Rivers, the Water Environment Federation, the American Society of Landscape Architects and ECONorthwest. (Available online at) [EB/OL]. [2011-11-02]. http://www. americanrivers. org/library/reports-publications/going-greento-save-green.html.

[91] SIPES J L. Sustainable Solutions for Water Resources: Policies, Planning, Design, and Implementation[M]. Hoboken, New Jersey: Wiley, 2010.

[92] US EPA. Low Impact Development（LID）: A Literature Review[R]. United States Environmental Protection Agency, 2000.

[93] Prince George's County,Maryand. Department of Environmental Resources (PGDER). Low-Impact Development Design Strategies, An Integrated Design Approach [EB/OL]. [2011-11-02]. http://www.epa.gov/owow/nps/lidnatl.pdf.

[94] 徐海顺. 城市新区生态雨水基础设施规划理论、方法与应用研究 [D]. 上海: 华东师范大学, 2014.

[95] 王思思, 张丹明. 澳大利亚水敏感城市设计及启示 [J]. 中国给水排水, 2010, 26(20): 64-68.

[96] 车伍, 吕放放, 李俊奇, 李海燕, 王建龙. 发达国家典型雨洪管理体系及启示 [J]. 中国给

水排水，2009，25(20)：12-17.

[97] BERKE P, BACKHURST M, DAY M, et al. What makes plan implementation successful? An evaluation of local plans and implementation practices in New Zealand[J]. Environment and Planning B: Planning and Design, 2006, 33(4): 581-600.

[98] （新西兰）马克·路易斯，克里斯·宾利．新西兰低影响雨水体系设计 [J]．中国园林，2013 (1)：23-29.

[99] TACKETT T. Seattle's Policy and Pilots to Support Green Stormwater Infrastructure[C]. Washington D C: Environmental and Water Resources Institute of ASCE, 2008.

[100] 中华人民共和国住房和城乡建设部．海绵城市建设技术指南——低影响开发雨水系统构建（试行）[S]．北京：中国建筑工业出版社，2015．

[101] CORNER J. Terra Fluxus[M]//WALDHEIM C, eds. The Landscape Urbanism Reader. New York: Princeton Architectural Press, 2006: 9-11.

[102] 李俊奇，王文亮，边静，陈晓君，徐芳．城市道路雨水生态处置技术及其案例分析 [J]．中国给水排水，2010，26(16)：60-64.

[103] 张善峰，王剑云．让自然做功——融合"雨水管理"的绿色街道景观设计 [J]．生态经济，2011(11)：182-189.

[104] American School Library Association .SW Montgomery Green Street: Connecting the West Hills to the Willamette River [EB/OL]. [2011-11-02] .http://www.asla.org/2012awards/572.html.

[105] American School Library Association. SW 12th Avenue Green Street Project, Portland, Oregon[EB/OL]. [2011-11-02] .http://asla.org/awards/2006/06winners/341.html.

[106] MADELINE F. Reducing Stormwater Runoff with Green Infrastructure[J]. Soil Horizons, 2015, 56(2): 1-4.

[107] 王思元，王向荣．城市公共空间雨水资源利用的景观途径研究 [J]．中国园林，2014，30(9)：5-9.

[108] RICHMAN T, BICKNELL J. Start at the Source: Site Planning and Design Guidance Manual for Stormwater Quality Protection[M]. San Francisco: Bay Area Stormwater Management Agencies Association, 1999.

[109] CIRIA. Sustainable Urban Drainage Systems: Best Practice Manual.Report C523[R]. London: Construction Industry Reseach and Information Association,

2001.

[110] STAHRE P. 15 Years Experiences of Sustainable Urban Storm Drainage in the City of Malmö Sweden[A]// WALTON R, World Water and Environmental Resources Congress 2005, ASCH Conference Proceedings, 2005.

[111] 马建武,（美）斯图尔特·爱考斯.美国景观设计中雨水管理的艺术 [J]. 中国园林, 2011（10）：93-96.

[112] ECHOLS S, EIZA P. Art for Rain's Sake Designers Maker Rainwater A Central Part of Two Projects[J]. Landscape Architecture, 1996（9）：24-32.

[113] 俞孔坚,李迪华. 城市河道及滨水地带的"整治"与"美化"[J]. 现代城市研究,2003（5）：29-32.

[114] DAVID F, GAO J Z. Landscape Urbanism and the Los Angeles River[J]. Landscape Architecture, 2009(2)：54-61.

[115] 董建伟. 拟自然河流治理的理念与实践 [C]. 河流生态修复技术研讨会,2005：78-85.

[116] 王正超,孙振元. 北京川北河景观恢复生态设计 [J]. 中国园林,2014,30（10）：120-124.

[117] GALLOWAY G E. River Basin Management in the 21st Century： Blending Development With Economic, Ecologic, and Cultural Sustainability[J]. Water International. 1997（02）：82-89.

[118] Assessment & Watershed Protection Division Office of Wetlands, Oceans, and Watersheds US EPA Watershed Protection：A Statewide Approach [EB/OL]. 〔2011-11-02〕. http://www.epa.gov/sites/default/files/2015-06/documents/state_approach_1995.pdf.

[119] Guadalupe River Park Conservancy.History：Timeline of Development[EB/OL]. 〔2011-11-02〕. http://www.grpg.org/History.shtml.

[120] KEVIN S. Infrastructure as Amenity：Houston's Bayou Becomes A Floodway-turned-Park[J]. Topos, 2009：69.

[121] 宋欣. 河流景观的近自然化设计研究——以荷兰莱茵河河流景观设计为例 [D]. 北京：北京交通大学,2011.

[122] 隋心. 布法罗河道散步道项目的设计与理念——城市河道景观基础设施整治与改善的成功案例 [J]. 中国园林,2012,28（6）：33-38.

[123] （美）凯文·林奇. 城市意象 [M]. 方益萍,何晓军译. 北京：华夏出版社,2001.

[124] World Bank. World Development Report 1994：Infrastructure for Development[R]. New York：Oxford University Press, 1994：125-141.

[125] （加拿大）简·雅各布斯. 美国大城市的死与生（纪念版）[M]. 金衡山译. 南京：译林出版社，2006.

[126] 利奥·阿尔瓦雷斯，瑞安·格拉尔，米卡尔·利普斯科姆，瓦尔季斯·祖斯马尼斯. 城市景观基础设施廊道设计：美国亚特兰大城市环路 [J]. 景观设计学，2013（3）：92-101.

[127] 刘骏，刘琛. 城市立交桥下附属空间利用的景观营造原则初探 [J]. 重庆建筑大学学报，2007，29，（6）：5-9.

[128] 李惊. 现代城市景观基础设施的设计思想和实践研究 [D]. 北京：北京林业大学，2011.

[129] 刘海龙，孙媛. 从大地艺术到景观都市主义——以纽约高线公园规划设计为例 [J]. 园林，2013（10）：26-31.

[130] 王向荣. 生态与艺术的结合——德国景观设计师彼得·拉茨的景观设计理论与实践 [J]. 中国园林，2001（2）：50-53.

[131] 陈涛. 德国鲁尔工业区衰退与转型研究 [D]. 长春：吉林大学，2009.

[132] James Corner Field Operations景观设计事务所. 高线公园 [J]. 景观设计学，2009（5）：72-80.

[133] 王欣歆. 从自然走向城市 派屈克·布朗克的垂直花园之路 [J]. 风景园林，2011（5）：122-127.

[134] Commissioned from ECOTEC by The Mersey Forest on behalf of Natural Economy Northwest. The Economic Benefits of Green Infrastructure：The public and business case for investing in Green Infrastructure and a review of the underpinning evidence[EB/OL].［2011-11-02］.http://www.forestry.gov.uk/pdf/nweeconomicbenefitsofgiinvestigating.pdf/$file/nweeconomicbenefitsofgiinvestigating.pdf.

[135] LIU K, BASKARAN B. Thermal Performance of Green Roofs Through Field Evaluation [R]. Ottawa：National Research Council Canada，2003.

[136] GLA. London's Urban Heat Island：A Summary for Decision Makers[R]. London：Greater London Authority（GLA），2006.

[137] The Trust for Public Land's Center for City Park Excellence for the Philadelphia Parks Alliance. How Much Value Does the City of Philadelphia Receive from its Park and Recreation System [R]. Washington：TPL，2008.

[138] （英）艾伦·巴伯，谢军芳. 绿色基础设施在气候变化中的作用 [J]. 薛晓飞译. 中国园林，2009，25（2）：9-14.

[139] （英）妮可·哥伦布. 景观的价值 绿色基础设施的经济意义 [J]. 邝嘉儒译. 风景园林，2013（2）：45-53.

［140］ 戴菲. 城市与绿色基础设施 [J]. 风景园林，2013（6）：157.

［141］ STEWART H，OWEN S，DONOVAN R，et al. Trees and Sustainable Urban Air Quality：Using Trees to Improve Air Quality in Cities[M]. Lancaster：Lancaster University，2003.

［142］ APHO Public Health Guide. Building health：creating and enhancing places for healthy active lives[EB/OL].［2011-11-02］. http://www.apho.org.uk/resource/item. aspx?RID=85464.

［143］ 百度百科. 流域管理 [EB/OL].［2011-11-02］. http://baike.baidu.com/link?url=fzT7Te KgKpl3qQ1eLqQZdt30GCOzhr-YMgiVUkBxTKwjaPOF8X_nfvKOGoNQEqKM94B7gx CMugN0p8OZqAFINa.

［144］ 中国社会科学院《城镇化质量评估与提升路径研究》创新项目组. 中国城镇化质量综合评价报告 [J]. 经济研究参考，2013 (31)：3-32.

致　谢

　　感谢我的博士生导师王向荣老师和师母林箐老师一直以来的指点与帮助。两位教授渊博的学识、求实的学者风范、勤奋的工作作风、敏锐的洞察力和谦逊平和的待人态度，是值得我终身学习的榜样。

　　感谢联合导师康纳尔大学景观系主任 Charles Timothy Baird 教授，作为我在美国留学访问期间的导师，Timothy 教授为我提供了大量与研究方向相关的书籍和资料，并亲自带我到费城和纽约等地实地考察，在此衷心感谢。感谢国家留学基金管理委员会的资助。感谢中国建筑工业出版社张建编辑在书稿的加工、审校过程中给予我的帮助和指正，感谢支持我的父母，同时感谢所有帮助过我的师长和学生。

2022 年 5 月